健康的青杆枝叶

青杆群落冠层

单株青杆

青杆群落垂直结构

林相完整的青杆群落

青杆群落远景

青杆群落林下植被

青杆群落垂直结构

大通河流域青杆群落

大通河流域青杆群落

青海大通河流域
青杆林群落研究

王得祥　马慧静　张玉海　著

西北农林科技大学出版社
·杨凌·

图书在版编目（CIP）数据

青海大通河流域青杆林群落研究 / 王得祥，马慧静，张玉海著. — 杨凌：西北农林科技大学出版社，2023.12

ISBN 978-7-5683-1361-2

Ⅰ. ①青… Ⅱ. ①王… ②马… ③张… Ⅲ. ①云杉—森林群落—研究—青海 Ⅳ. ①S718.54

中国国家版本馆CIP数据核字(2024)第015879号

青海大通河流域青杆林群落研究

王得祥　马慧静　张玉海　**著**

出版发行　西北农林科技大学出版社

地　　址　陕西杨凌杨武路3号　　**邮　　编**　712100

电　　话　总编室：029-87093195　　发行部：029-87093302

电子邮箱　press0809@163.com

印　　刷　陕西天地印刷有限公司

版　　次　2023年12月第1版

印　　次　2023年12月第1次印刷

开　　本　787 mm × 1092 mm　1/16

印　　张　10.5

字　　数　180千字

ISBN 978-7-5683-1361-2

定价：52.00元

前言

森林生态系统不仅对改善和维护生态环境至关重要，同时也为人类生存发展提供了各种服务和支持。森林群落稳定性受到群落类型、群落结构、生物多样性、生境条件等因素的共同作用。青海大通河流域互助北山林区是祁连山重要的水源涵养地和青海省最大的次生林区，也是国家重点生态公益林区域。青杆（*Picea wilsonii* Mast）作为该林区主要天然次生林成林树种之一，研究其群落类型、结构特征及其变化过程，对促进该区域森林生态系统稳定和可持续发展具有重要意义。

植物群落是生活在特定区域及生境内所有植物个体相互作用、相互影响而形成的群体，具有一定的种类组成和结构。构成群落的各种生物在群落中占有一定的生存空间，这些生物以及在空间上的配置状态便是群落结构，是群落中种群协同进化的结果。群落结构是植物群落最基本的特征，反映了某个群落对该区域环境的适应机制，每种群落类型都有其特定的结构特征。广义的群落结构主要包括群落中物种组成、植物区系特征、数量特征、生活型、生态位、群落的空间结构和时间结构等。狭义的群落结构主要包括水平结构和垂直结构。群落的水平结构又称为群落的二维结构，是群落在水平方向上的配置状况，也是群落的水平格局，其主要特征为镶嵌性；垂直结构又称垂直分层现象，是植物群落在垂直方向上的分化状况。青海省位于青藏高原东北部，由于其独特的地理、地形和环境条件，森林资源稀少，是全球气候变化的敏感区和脆弱区，同时也是中国乃至亚洲主要的生态安全屏障。青杆是祁连山东部重要的成林树种，也是中国特有树种，在青海的分布属于其最北界，适应力强，耐阴、耐寒，喜凉爽湿润气候，喜排水良好、适当湿润的中性或微酸性土壤，亦常与白桦、红桦、山杨等混生。目前关于大通河流域青杆林群落、青杆林经营管理等相关研究尚属空白，不利于该林分的可持续经营管理。

两年多来，本课题组以青海大通河流域北山林区青杆林群落为研究对象，较为系统地研究了青杆群落的物种组成、径级结构、高度级结构、多样性特征和更新特征，群落的土壤性质和化学计量，青杆种群、优势伴生种群的空间结构特征以及环境因子对物种多样性、乔木更新、青杆径向生长的影响，以期进一步补充和完善青杆林群落研究内容，并为该地区青杆林群落的可持续管理提供科学依据。依据上述研究成果，在参阅大量国内外相关研究资料的基础上，完成了《青海大通河流域青杆林群落研究》一书。

全书共分为 8 章，1 青杆林群落概述，系统介绍了青杆的分类地位、生物学特性、生态学特性、地理分布以及青杆林群落研究进展（祁海玉，刘桂英，王得祥）；2 大通河流域概况（刘桂英，马慧静，付振杰，朱佳琪，祁海玉）；3 介绍了青杆林群落调查研究方法（付振杰，朱佳琪，罗栩辉，祁海玉）；4 主要介绍和分析大通河流域青杆林群落土壤理化性质（祁海玉，王得祥）；5 主要阐述青杆林群落特征，包括研究方法、青杆林群落类型、青杆林群落结构和多样性、青杆林群落更新（付振杰，王得祥）；6 介绍了大通河流域青杆林空间结构特征，包括研究方法、青杆纯林空间结构特征、青杆混交林空间结构特征（朱佳琪，王得祥）；7 阐述青杆林生长特征，主要介绍了研究方法、青杆林生长规律、青杆径向生长对气候变化的响应（罗栩辉，王得祥）；8 总结了青杆林经营模式和技术（王得祥，刘桂英，马慧静）。全书由王得祥、马慧静、张玉海、刘桂英统稿。

本研究工作得到青海省财政林业改革发展基金：2020 年度“昆仑英才·高端创新创业人才”——培养拔尖人才项目的支持。研究过程中得到西北农林科技大学、青海省林业和草原局、互助北山林场等单位的大力支持。青海省林业技术推广总站时保国正高级工程师、王成高级工程师对研究选题、研究地点选择等给予悉心指导；省退耕退牧还林还草中心吴有林高级工程师对青杆林的经营技术进行了指导；互助北山林场赵昌宏、张玉海、吴泽珠、牛占恩以及青海省林业技术推广总站王祖善、雅努义、柴利坤等参与了野外调查研究工作；研究生付振杰、朱佳琪、罗栩辉、祁海玉、吕欣阳等以及“西部之光”访问学者刘桂英（西宁市林业科学研究所）在研究和成书过程中付出了艰辛努力，在此一并致谢。

著者

2023.10

目　录 CONTENTS

1 青杄林群落概述

1.1 青杄的分类学地位

青杄（*Picea wilsonii* Mast.）又称华北云杉，别名青杆、红毛杉、紫木树、细叶云杉、白杄（云杉、方叶杉、细叶松、白杄松、黑杄松、刺儿松、青杄云杉、魏氏云杉），为裸子植物门（Gymnospermae）松柏纲（Coniferopsida）松杉目（Pinales）松科（pinaceae）云杉属（*picea*）乔木树种，为我国特有的寒温性常绿针叶树种[1]，是云杉属中分布较广的树种之一，为国家Ⅱ级重点保护野生植物。由于其树干高大而且枝叶繁茂，寿命较长，是营造水源涵养林的理想树种，也是我国重要的风沙防护造林树种、用材树种和森林更新树种。在水土保持和林业生产上占有重要地位[2]。

1.2 青杄生物学特性

青杄为常绿针叶乔木，高达 50 m，胸径达 1.3 m；树皮灰色或暗灰色，裂成不规则鳞状块片脱落；枝条近平展，树冠塔形；一年生枝条淡黄绿色或淡黄灰色，无毛，稀有疏生短毛，二三年生枝淡灰色、灰色或淡褐灰色；冬芽卵圆形，无树脂，芽鳞排列紧密，淡黄褐色或褐色，先端钝，背部无纵脊，光滑无毛，小枝基部宿存芽鳞的先端紧贴小枝。叶排列较密，在小枝上部向前伸展，小枝下面之叶向两侧伸展，四棱状条形，直或微弯，较短，通常长 0.8 ～ 1.3（～ 1.8）cm，宽 1.2 ～ 1.7 mm，先端尖，横切面四棱形或扁菱形，四面各有气孔线 4 ～ 6 条，微具白粉。球果卵状圆柱形或圆柱状长卵圆形，成熟前绿色，熟时黄褐色或淡褐色，长 5 ～ 8 cm，径 2.5 ～ 4 cm；中部种鳞倒卵形，长 1.4 ～ 1.7 cm，宽 1 ～ 1.4 cm，先端圆或有急尖头，或呈钝三角形，或具突起截形之尖头，基部宽楔形，鳞背露出部分无明显的槽纹，较平滑；苞鳞匙状矩圆形，先端钝圆，长约 4 mm；种子倒卵圆形，长 3 ～ 4 mm，连翅长 1.2 ～ 1.5 mm，种翅倒宽披针形，淡褐色，先端圆；子叶 6 ～ 9 枚，条状钻形，长 1.5 ～ 2 cm，棱上有极细的齿毛；初生叶四棱状条形，长 0.4 ～ 1.3 cm，先端有渐尖的长尖头，中部以上有整齐的细齿毛。花期 4 月，球果 10 月成熟 [3]。

1.3 青杆生态学特性

青杆为适应性、耐荫性较强的树种，常成纯林或针阔混交林，常与白桦（*Betula platyphylla* Sukaczev）、红桦（*Betula albosinensis* Burkill）、白杆（*Picea meyeri Rehder* & E. H. Wilson）、臭冷杉（*Abies nephrolepis* (Trautv. ex Maxim.) Maxim.）、山杨（*Populus davidiana* Dode）及华北落叶松（*Larix gmelinii* var. *principis-rupprechtii* (Mayr) Pilger）等混生。喜阴生且耐寒性强，适生于气候温凉、湿润、排水良好、土层深厚、肥沃的中性或微酸性土壤的缓坡生态环境。在年均气温 6 ～ 9 ℃，年降水量 800 ～ 900 mm，相对湿度 70% 以上的地段生长良好。大通河流域北山林区内平坡青杆的胸径和树高 [DBH：（18.25 ± 0.76）cm，H：（16.73 ± 0.55）m] 显著大于陡坡 [DBH：（16.14 ± 0.48）cm，H：（13.35 ± 0.34）m）；2300 m 海拔青杆的树高（H：（17.04 ± 0.47）m] 显著高于 2600 m 海拔的青杆 [H：（13.56 ± 0.64）m]。天然林生长缓慢，青海大通河流域北山林区青杆胸径速生期在 10 ～ 20 年，在 20 年时生长速率达到高峰；树高速生长期在 40 ～ 70 年，70 年时达到生长高峰。据资料记载，甘肃兴隆区青杆树高、胸径速生期分别在 40 ～ 50 年（连年生长量 0.22 ～ 0.26 m）和 40 ～ 80 年（连生长量 0.32 ～ 0.38 m），120 年以后材积生长量下降，进入数量成熟期。树龄最高可达 400 年。青杆在立地条件较好时生长稍快。山西宁武 50 年生树高 11 m，胸径 18 cm，四川理县 164 年生树高 38.5 m，胸径 55 cm。林木 60 ～ 70 年结籽，林缘木约 24 年结籽。

青杆幼苗怕日灼霜害，幼树时期能耐一定的庇荫。青杆浅根性，抗风力较弱，自然整枝比较缓慢，具有稠密郁闭的林冠，常形成阴暗潮湿的森林环境。林内光线微弱，温度的变幅小，能保证幼苗正常生长 [4]。

青杆对火灾的抵抗力弱。因其整枝不良，枝丫离地面很近（枝下高1～2 m），发生火灾后很容易发展成树冠火，由于树皮等不耐火烧又无萌芽能力，一次火灾就会全林毁灭[5]。

1.4 青杆地理分布

青杆的自然分布范围较广，是云杉属种分布海拔最低的种类，多分布于海拔1400 m以上的地区，内蒙古和河北主要分布在海拔1400～2100 m之间，山西分布在海拔1700～2330 m，湖北分布在海拔1600～2200 m，甘肃中部榆中县兴隆山及南部洮河与白龙江流域部分布在海拔2200～2600 m，青海东部分布在海拔2700 m左右，四川北部至岷江流域上游分布在海拔在2400～2800 m。陕西主要分布在华县、宁陕、太白、凤县、佛坪等南部海拔1600～2400 m的山地[4-5]。北京海拔在1100～1400 m之间冲沟边的石灰岩、山坡也有青杆零星分布。在青岛、济南、黑龙江、呼和浩特、江西庐山等多地均有引种栽培[6-7]。

1.5 青杆林群落研究进展

1.5.1 青杆群落结构研究

青杆林群落的研究地区主要在甘肃兴隆山、山西芦芽山、庞泉沟、秦岭南坡、兰州永登等地开展[12-16]。陈思等分析了甘肃兴隆山青杆群落的群落特征和种群空间分布格局，结果表明该地区青杆群落聚集分布不明显，且聚集强度受种群年龄和苔藓层厚度的显著影响；多数群落偏向于均匀分布格局是该地区青杆本身的生物学特性和林下常见的华西箭竹的生长状况共同引起的[12]。闫海冰等对关帝山天然青杆次生林运用点格局分析中的O-ring统计方法分析青杆群落的种群空间分布格局[17]，结果表明种群在相对小的尺度上聚集分布特征明显，随尺度增加树木种群的聚集性减弱并逐渐表现出随机分布的格局特征；同时，青杆与红桦、山杨等共生种间的空间关联性主要表现在小尺度范围，随尺度加大空间关联性逐渐不明显，这也表明种群分布格局和种群间的空间关联性随群落结构和空间尺度不同而有较大变化。张钦弟等采用点格局分析法和Monte-Carlo拟合检验对演替过程中的庞泉沟自然保护区华北落叶松和青杆的分布格局及其相互关系进行了研究，结果表明两者种间关系在华北落叶松单优群落阶段无明显相关，共优阶段由于竞争在0～6.5 m尺度上呈显著正相关，在青杆单优群落阶段，青杆竞争获胜；在0～2.5 m尺度上无明显相关，两者种间关系的变化主要来自于群落剩余资源驱动下的种内、种间竞争[18]。秦浩等运用扩散系数、聚集强度、Poisson分布和负二项分布的 X^2 拟合检验等方法对山西庞泉沟自然保护区森林群落优势种群的分布格局进行了研究，结果表明乔木层中华北落叶松、白桦、青杆、辽东栎及山杨具有较强的竞争能力和较宽的生态位而呈聚集分布，且聚集强度大；白杆和油松也呈聚集分布，但聚集程度小；红桦则表现出随机分布的趋势[19]。高润梅等用模糊综合评判理论评价了山西文峪河上游13种河岸林群落的稳定性，研究结果表明中高山森林演替系列中，群落稳定性随着演替的进展而增加，青杆林接近演替顶极，稳定性最高。同时，各种林冠干扰和河岸生境的高度异质性也使得白杆杨桦混交林、落叶松白杆混交林和落叶松青杆混交林同样具有较高的稳定性[20]。李林峰等以芦芽山自然保护区青杆林为研究对象，从植物区系、优势种群结构及分布格局、数量分类、排序、物种多样性等方面对青杆林数量生态学进行了研究，发现种子植物区系以世界分布和温带分布为主，呈现出世界植物区系成分和温带尤其是北温带植物区系成分彼此渗透的过渡自然景观。通过种群年龄结构的研究结果表明，该地区青杆种群属于稳定增长型种群；华北落叶松种群由于更新苗储备不足且大龄级成树占整体比例较高，长期发展会有衰退趋势，并对群落进行分类和排序，将该区域的青杆群落分为9个类型，分布格局主要受海拔和坡位影响[21]。石晓东等对庞泉沟自然保护区青杆林的种群结构与分布格局研究发现，青杆幼苗聚集度较大，成年个体在纯林为聚集分布，在混交林为随机分布。随着立木径阶增大，青杆种群格局为聚集分布，混交林的聚集程度大于纯林[13]。魏强等采用时空互代方法对兴隆山山杨－白桦－青杆混交林不同演替阶段优势乔木种群结构特征研究发现，随着森林正向演替的进行，阳性树种山杨、白桦等的重要值在减小，并逐渐退出森林群落；阴性树种青杆重要值在增加，并逐渐演变成优势树种和建群树种。青杆密度先增加后减小，山杨和白桦密度一直在减小，青杆幼苗及幼树密度先增加后减小。山杨－白桦－青杆混交林正逐渐向青杆纯林方向演替[22]。

1.5.2 青杆立地和气候因素研究

赵丰钰等人在科技通讯发表的文献以整体的青杆林为研究对象以不同立地条件的气候等为影响因素开展试验分析。雷瑞德等探讨了秦岭南坡青杆林及青杆混交林的林地土壤养分、化学性质及酶活性特点，发现混交林的有机质及 N 素含量更高，纯林的潜在肥力更高[14]。魏强（2011）对甘肃兴隆山青杆纯林和混交林凋落物累积量、持水特性以及青杆天然林和人工林土壤渗透性进行研究，结果表明青杆混交林凋落物层累积量、凋落物有效拦蓄量以及凋落物最大持水率均大于青杆纯林。随着森林正向演替的进行，青杆天然林土壤渗透性逐渐增强，青杆天然林初渗速率、平均入渗速率、稳渗速率明显要好于人工林[24]。马慧晶等对山西关帝山林区不同海拔梯度青杆的功能性状进行研究，结果表明：随着海拔梯度的增加，青杆枝、根中的有机碳在增加，而叶中有机碳则呈下降趋势[25]。另外，对于青杆的播种育苗技术、人工幼林抚育间伐以及光照对青杆生长的影响等方面也有研究[26–29]。牛豪阁等对祁连山东部青杆年内径向生长动态对气候的响应研究发现，水分是青杆径向生长的限制因子，径向生长与降水呈显著正相关[16]。在甘肃兴隆山地区，有研究表明青杆径向生长对气候较为敏感，与大气温湿度和热通量呈显著正相关[30]。然而有研究提出了不同的看法，在秦岭火地塘林区，青杆生长对气候的敏感性弱，前一年 8 月均温及降水量对径向生长的影响最大，说明气候变化对青杆生长具有“滞后效应”，即树木自身的养分积累易受到前一年气候因子的限制，从而影响下一年生长季内形成层的生长[31]。不同地区青杆的生长显著地受到当地气候的影响，这可能是造成上述研究产生差异的原因。

1.5.3 青杆适应性研究

青杆是一种集用材、药用、观赏、生态于一体的优良植物。有研究者对青杆花粉的营养成分、脱壁技术的建立、青杆优良外生菌根真菌筛选、青杆组织培养技术、体细胞胚、青杆抗寒性、青杆种子的超低温保存和青杆针叶中抗氧化物质的提取等进行了研究[31–33]。谢延翠研究了不同径阶青杆林的滞尘能力，结果表明青杆径阶组在 20 ～ 24 cm 之间，$PM_{2.5}$、PM_{10} 及 TSP 单位叶面积滞留颗粒物量达到最大，大气颗粒物的吸附能力最大，表明青杆具有大气净化和吸滞尘作用[34]。由于青杆材质优良，纹理通直，也是建筑、造纸的上等用材；青杄的树皮含单宁，还是烤胶生产及木纤维工业等的优质原料[35]。随着近些年来细胞生物学和分子生物学技术的快速发展，青杄分子生物学等方面的研究也有了一定进展。因青杄具备优质的抗逆基因资源，有许多研究学者对蛋白激酶参与调控青杄花粉管对逆境响应机理、青杄抗逆性基因功能及相关调控机制等进行了探寻和研究分析[36-38]。Zhang Hao 等研究发现表达青杄 PicW 基因的转基因植株表现出更好的耐冻性，表明青杄有着良好的耐寒性，可以适宜高寒气候[39]。周婧对青杄干旱和盐胁迫响应基因进行筛选，并验证目的抗逆基因的生物学特性和抗逆功能，结果表明表达差异显著的基因参与植物氧化胁迫，对盐和干旱胁迫有特异性响应[4]。游韩莉等对青杄 MYB 转录因子基因 Pw MYB20 进行克隆及表达分析发现，Pw MYB20 作为一个转录因子，在青杄受干旱、低温和 ABA 诱导胁迫时，普遍参与了青杄应对逆境胁迫的响应过程，可在外界逆境下表现出适应性能力强的特性[40]。青杄抗逆性强，树干通直，黄酮含量丰富，可以在高寒地区种植，具有不可替代的经济、药用和生态价值，对西北地区林业发展有重要意义。

2 大通河流域概况

大通河位于青海省的东北部，祁连山南坡的冷龙岭与大通山—大坂山之间。是黄河一级支流湟水左岸的最大支流，发源于海西州天峻县的托莱南山日哇阿日南侧。干流自河源至措喀莫日河汇口称加巴尕尔当曲，进入祁连县与刚察县交界的界河称默勒河，以下始称大通河。大通河是国内著名的一条比干流长且水量大的独特支流，是黄河上游重要的二级支流，大通河流域大部分在青海省东北部，只有约 1/7 的面积在甘肃省境内，地理位置为东经 98°54' ～ 102°55'，北纬 36°20' ～ 38°20'，是青海省重点水源涵养区和天然林保护区。河流长 560.7 km，其中青海省境内河长 454 km。青、甘界河长 48 km。流域面积 15 130 km^2，其中青海省境内流域面积 12 943 km^2。河源至尕大滩为上游，尕大滩至连城为中游，连城至民和县的享堂河口为下游。

2.1 历史来源

大通河古称浩门水、浩门河、浩亹河、合门河，藏语称古勒曲、吉拉曲，今称大通河，因宋代宋神宗熙宁五年（公元 1072 年）在河谷筑有西、北两个大通域，河随地名，出现今大通河。《水经注》有“浩门河出西北塞外……东流注于湟水”的记述。浩门河之名，首见于《汉书 · 地理志 · 金城郡浩门县》“浩门河，出自塞外，东至允吾入湟水”颜师古曰：“浩音诰，水名也。门者，水流峡山，岸深若门也”。

2.2 地理地貌特点

大通河北以托莱山、冷龙岭与河西走廊内陆河水系为邻，南依大通山、大坂山与青海湖水系和湟水水系分界，东隔盘道岭与庄浪河流域接壤，河源海拔 4812 m。自西北向东南流经青海和甘肃两省，其流域面积接近湟水流域，河长水量均大于湟水河。大通河从源头到汇入湟水，除下游一小段流经甘肃连城、红古地区外均在青海境内。干流先后由西北向东南流经青海省天峻、刚察、祁连、海晏、门源、互助和甘肃省天祝、永登，又折回青海省民和县享堂，汇入湟水，后注入黄河[41]。

大通河流域呈狭长状，东西长超过 350 km，平均宽仅 30 ～ 50 km。海拔多在 2600 ～ 4000 m 之间，地形西北高、东南低，最低 1900 m，最高 5254 m。土壤有灰钙土、栗钙土、黑钙土、高山灌丛草甸土、高山草甸土和高山寒漠土等土类，土壤 pH 多呈中性、微碱性和强碱性。大通河穿行于两侧高山所形成的谷地之间。上游区高山有冰川分布，山下滩地多草原和沼泽；中下游区多高山峡谷和山间盆地，河谷下切较深，阴坡山地林草茂盛。除下游区东部属黄土高原外，流域总体具有青藏高原地貌特点。大通河干流全长 560.7 km，流域面积 15 130 km^2，其中青海境内 12 943 km^2，平均径流量为 28.95 亿 m^3，平均流量 91.79 m^3/s，河长 574.12 km，河口海拔 1727 m。年均含沙量 1.12 kg/m^3，最大含沙量 322 kg/m^3。河源至青石嘴水文站为上游，河段长 297 km，面积 7893 km^2，落差 1557 m，平均比降 5.2‰，地势较高，气候严寒；青石嘴水文站至连城为中游，河段长 223 km，区间面积 6021 km^2，落差 1052 m，平均比降 4.7‰；大通河中上游水系发育，呈树枝状，中下游呈羽状，先后汇入支流百余条，主要支流有莫日曲、克克赛河萨拉沟、永安河、老虎沟和左左拉水等，其中河道长度大于 50 km 的有永安河，其他支流均较短。连城至大通河河口为下游，河段长 40 km，区间面积 1216 km^2，落差 184 m，平均比降 4.6‰，大通河下游没有其他较大的河流汇入。由于大通河流域地势较高，80% 的流域面积位于海拔 3000 m 以上，并且气候寒冷，因此，流域内中上游人口比较稀少[42]。

2.3 气候特点

气候是构成和决定某一地区自然地理特点的基础，各种气候要素和天气现象在不同季节的相互配合使得各地产生了不同的气候分布特征，这种气候特征也对自然界其他自然因子如植被、土壤、地貌等产生巨大作用，同时这些自然因子又反过来影响着当地的气候。大通河深居内陆，远离海洋，流域气候从东南向西北属高原干旱、半干旱大陆性气候到高寒、干旱的高原大陆性气候，受东南季风和西南季风的影响，气温和降水的高峰同时出现。冬半年属冷季，主要受西风环流的控制，气候干燥、寒冷、多风。气温垂直变化明显，低海拔的东南部谷地温凉而高海拔的西北部山地和高原面寒冷，日较差大，年较差小。日照充足，空气透明度大，辐射冷却作用强烈。大通河径流上游以冰川沼泽补给为主，中下游以降水补给为主，多年平均降水量 494.1 mm。降水量的年内分配极不均匀，5 ～ 9 月降水量最多，占全年降水量的 84.2%。流域降水量年际变化相对较小，最大与最小年降水量的比值在 1.8 ～ 5.3 之间。多年平均日照时数 2486 ～ 2742 h，平均风速在 1.4 ～ 2.1 m/s 之间。多年平均无霜期为 48 ～ 184 d，多年平均气温 3.3 ～ 8.1℃。

2.4 水资源开发与水利工程

根据《湟水流域综合规划》成果资料，大通河多年平均水资源量 29.0 亿 m^3。其中青海省境内多年平均水资源总量 26.9 亿 m^3。2014—2016 年，大通河流域内 3 年平均地表水供水量为 6.01 亿 m^3，地表水资源开发占总量的 20.8%，3 年平均地表水耗水量为 5.42 亿 m^3，地表水资源消耗占总量的 18.7%。

大通河流域水能开发条件好，是青海省的“水电走廊”。大通河水流湍急，下切强烈，形成了许多峡谷，蕴藏着丰富的水力资源，水力资源理论蕴藏量 72.27 万 kW，冰期 6 ～ 8 个月。流域内建有引水、机电提灌、水轮泵站及人畜饮水工程等。水利工程总供水量 6727 万 m^3，占大通河境内水资源量的 2.6%。截止到 2015 年，青海省大通河干支流共建有水电站 42 座，其中干流建水电站 22 座（径流式水电站 7 座，引水式、混合式水电站 15 座，装机容量合计 55.0 万 kW），支流建设小微型水电站 20 座，全部为引水式水电站，装机容量合计 2.2 万 kW。大通河流域共有十个典型水电站：多龙水电站、沟寺口水电站、金星水电站、卡索隆水电站、连城水电站、纳子峡水电站、石头峡水电站、天王沟水电站、铁迈水电站、学科滩水电站，其中大通河干流主要控制性水利工程有两个，分别为：纳子峡水电站，其中大通河干流主要控制性水利工程有两个，分别为：纳子峡水电站，位于门源回族自治县苏吉滩乡与祁连县默勒镇的交界处，在大通河上游末段，为大通河上拟建的第 4 座电站。工程总库容为 7.33 亿 m^3，有 121.5 m 的坝高，属二等大（2）型工程，电站装机正常蓄水位 3201.5 m，总容量 87 MW，年平均发电量 3.106 亿 kW · h。纳子峡水电站是大通河流域水电规划的龙头电站，具有调峰、蓄水、防洪、灌溉等作用。第二大为石头峡水电站，工程位于青海省东北部的门源县苏吉滩乡附近的大通河干流上，工程等级为大（2）型工程，是“引大济湟”流域调水“龙头”调水工程，也是大通河上建装机容量最大的电站。主要功能是调节总干渠提供调水所需的水量，保证调水所需的兴利库容，兼有调水、防洪，提升下游电站年利用小时数和发电量等功能，具有良好的社会效益和生态效益。正常高蓄水位 3086 m，总库容 9.85 亿 m^3，最大坝高 114.1 m，水电站总装机 90 MW，年发电量 3.5 亿 kW · h。

据青海省水利厅调查，青海省大通河干流水电站均已安装生态基流监控设施；15 座引水式、混合式水电站中，9 座水电站采用在闸门下焊接固定块，在闸门吊索上焊接限位块等措施建设了不受人为影响的生态基流下泄措施，确保生态基流下泄；其余 6 座水电站正在采用开挖生态流量放水洞、焊接固定块、限位块等方式，建设不受人为干扰的生态流量下泄措施。

2.5 森林资源

大通河贯穿于祁连山地中部，从东南到西北依次排列着山地森林—高寒灌丛—高寒草甸—高寒高原，其西北部以高寒草甸和高寒灌丛为主，而作为青海省主要次生林和水源涵养林基地的东南部则以河谷森林灌丛为主的植被格局。与高原地带植被带谱大体相似，中下游地区有着多种植物区系成分汇集，成为唐古特区系的核心地带。流域内山体雄伟高大，沟壑纵横，峡盆相间，加之雨量充沛，为植物的发生、繁衍提供了良好的生态环境，又地处黄土高原向青藏高原的过渡地带，植物区系成分具有汇集性质，生态系统相对稳定，具有多样性的生物资源，是一个巨大的绿色“基因库”，被誉为“高原上的天然博物馆”，属于中国植物地理划分的唐古特地区。大通河流域的野生动植物资源，早为许多国家的专家、学者所瞩目。从 1840 年鸦片战争之后，到新中国成立前，俄、匈、美、英等国先后以各种名义到青海高原来考察，都把祁连山、大通河作为重点。而时间最长，规模最大，专业最全，次数最多的要数俄国人普尔热瓦尔斯基（N. M. przewalskii）率领的考察队。在 1872、1879、1883、1888 年四次来青海，三次进入祁连山、大通河流域进行考察，并绘有详细的路线图。除记述了沿途所见山脉、地势、地质、河流、水文、气候之外，每次都采集了大量的动植物和岩石标本，并记载了植物群落的分布情况。植物部分后来由马克西莫维奇 (C.J. Maximowicz 1889) 编著成《唐古特植物志》。

在特殊的气候、地理等环境条件下，本区形成了以中部的门源盆地为界，主要植被有青海云杉 (*Picea crassifolia* Kom.) 和青杆（*Picea wilsonii* Mast.）、油松 (*Pinus tabuliformis* Carrière.) 等为主的寒温性常绿针叶林和以祁连圆柏 (*Juniperus przewalskii* Kom.) 为主的暖温性常绿针叶林，以及以山杨 (*Populus davidiana* Dode.)、青杨 (*Populus cathayana* Rehder.) 人工林、白桦 (*Betula platyphylla* Sukaczev.)、糙皮桦 (*Betula utilis* D.) 和红桦 (*Betula albosinensis* Burkill.) 为主的落叶阔叶林和它们的混交林等森林植被；以具鳞水柏枝 (*Myricaria squamosa* Desv.) 和西北沼委陵菜（*Comarum salesovianum* (Stepn.) Asch. et Gr.) 等为优势种的河谷灌丛；以小叶锦鸡儿 (*Caragana microphylla* Lam.)、直穗小檗 (*Berberis dasystachya* Maxim.)、矮锦鸡儿 (*Caragana pygmaea* (L.) DC.) 等分别为建群种的温性落叶灌丛；以分布于水分条件良好的山地中、上部半阴、半阳坡和大片的滩地金露梅 (*Dasiphora fruticosa* (L.) Rydb.)，阴坡和半阴坡的山生柳 (*Salix oritrepha* Schneid.) 以及高山绣线菊 (*Spiraea alpina* Pall.)、鬼箭锦鸡儿 (*Caragana jubata* (Pall.) Poir.)、窄叶鲜卑花 (*Sibiraea angustata* (Rehder) Hand.-Mazz.) 等分别为主的高寒落叶灌丛，以及以分布于山地阴坡、半阴坡的青海杜鹃 (*Rhododendron qinghaiense* Ching ex W. Y. Wan)、头花杜鹃 (*Rhododendron capitatum* Maxim.)、百里香杜鹃 (*Rhododendron thymifolium* Maxim.) 等分别为建群种的常绿革质叶高寒灌丛植被；以分布于黄土丘陵干旱地带的短花针茅 (*Stipa breviflora* Griseb.)、长芒草 (*Stipa bungeana* Trin.)、西北

针茅 (*Stipa sareptana* A.K. Becker var. *krylovii* (Roshev.) P.C. Kuo & Y.H. Sun)、芨芨草 (*Achnatherum splendens*)、冷蒿 (*Artemisia frigida* Willd.)、铁线蒿 (*Artemisia stechmanniana*) 等分别为建群种的温性草原和紫花针茅 (*Stipa purpurea* Griseb.) 高寒草原植被；以分布于山顶和局部阳坡地段的矮嵩草 (*Kobresia humilis*)、小嵩（*Kobresia pygmaea*) 等分别为建群种的高寒草甸植被以及河谷和山地杂类草草甸植被；以垂穗披碱草 (*Elymus nutans* Griseb.) 为建群种的滩地次生草甸植被；以葶苈 (*Draba nemorosa* L.)、山莓草 (*Sibbaldia procumbens* L.)、风毛菊 (*Saussurea japonica* (Thunb.) DC.)、雪灵芝 (*Eremogone brevipetala* (Tsui & L. H. Zhou) Sadeghian & Zarre)、红景天 (*Rhodiola rosea* L.)、紫堇 (*Corydalis edulis* Maxim.)、点地梅 (*Androsace umbellata* (Lour.) Merr.)、兔耳草 (*Lagotis glauca* Gaertn.)、短筒兔耳草 (*Lagotis brevituba* Maxim.) 等属植物为主的高山流石坡稀疏植被，另外还有一定面积的农业植被。

2.6 植物资源及区系成分

当地的自然历史、地理和气候等决定了大通河流域植物种属特点和生活型特点。大通河流域共有野生种子植物 77 科、368 属、1154 种（1051 种和 103 个种下类型。另有露天栽培的粮、草、果、蔬、林、药、花等类植物未计算在内），分别占青海植物 [43–44] 总科数（90）的 85.56%、总属数（508）的 72.44%、总种数（2285）的 50.50%（种下类型按种计算，下同），就植物种绝对数量来看较为丰富。因此，本区应属唐古特区系中植物种类相对丰富地区之一。本区裸子植物有 3 科 5 属 11 种；单子叶植物有 1278 属 285 种；双子叶植物有 62441 属 858 种。就植物的生活型而言，绝大多数都是多年生草本植物，而木本植物较少，一年生草本亦较少。本区表现出以草本植物为主的年轻性，且大通河流域为许多植物种在我国分布的西界及海拔高度最高限。门源盆地为本区系一个明显的区系界限，具体表现为：西北部为明显的青藏高原特色，东南部表现出与黄土高原的明显联系。

本区植物科的分布中，大通河流域植物所含 50 种以上的大科有 5 个，依次为禾本科（142 种 36 属），菊科（132 种 /40 属），蔷薇科（81 种 /22 属），毛茛科（68 种 /20 属）和蝶形花科（61 种 /16 属），其所含种数占全区总种数的 41.94%，所含属数占全区总属数的 36.41%，所含科数占全区总科数的

6.49%[45]。由此可见，以上 5 个大科在本区系构建中具有主导地位。本区含 20 ～ 49 种的中型科有 12 个，共 395 种 120 属。其中玄参科（45 种 7 属），十字花科（43 种 22 属），莎草科（41 种 5 属），杨柳科（37 种 2 属），石竹科（36 种 12 属），龙胆科（35 种 8 属），百合科（32 种 11 属），虎耳草科（30 种 6 属），兰科（26 种 15 属），蓼科（25 种 5 属），伞形科（24 种 14 属），唇形科（21 种 13 属）所含种数占全区总种数的 34.23%，总属数的 32.61%，总科数的 15.58%。本区分布含 19 种以下的小科共 60 个，总种数有 275 个，占全区总种数的 23.83%。其中只出现 1 属 1 种的科有 15 个，占总科数的 19.48%，总属数的 4.08%，总种数的 1.30%。如檀香科、芸香科、凤仙花科、金丝桃科、山茱萸科等。苔藓植物门有 11 科 15 属，蕨类植物门有 26 科 51 属。

就属的分布来看，大通河流域的植物区系，应属于一种以北温带成分，特别是欧亚大陆温、寒地带典型成分为优势的，兼具温性、寒温和高寒类型的温带区系性质。世界分布属在大通河流域有 55 个，由主产地在北温带和热带高山区的属组成，其中有些属为我国北方区系普遍分布。主要包括黄芪属、薹草属、早熟禾属、龙胆属、蓼属、毛茛属等，它们是构成本区山地高寒草甸、沟谷灌丛草甸和温性、寒温性草原、草甸的主要类群。热带分布类型在本区共有 18 属，占总属数的 5.75%。在热带分布中，泛热带类型为本区所产主要属（14 属）。所含种数多为主产北温带的卫矛属及主产亚热带和温带地区的大戟属和锋芒草属。

温带性质是大通河流域植物区系的主体，共 287 属，占本区系总属数的 91.69%，处于绝对优势地位，其中又以北温带成分占首位，共 162 属，占总属数的 51.76%。北温带成分在大通河流域的区系组成及其主要植被组建中具有无可替代的核心地位，不仅因在本区各种成分中所占比例最高，而且许多种都是以构成本区几乎所有主要植被类型的建群种或优势植物出现。北温带成分具有明显的华北植物区系同青藏高原区系之间的过渡区所应有的植物种类的地理替代和垂直分布格局。其中由于河谷和山地环境及寒冷的气候，马先蒿属（*Pedicularis*）成为该成分中分布最多的草本属。柳属（*Salix*）是北温带在本区分布种类最多的木本属，也是唐古特地区中该属植物分布最多的区域。

东亚和北美间断分布在本区只有 11 属，所占比例较低，并且这一类型的分布范围仅仅局限于本区海拔相对较低的东南部河谷和山地的有林地带，而并不见于面积广大的西北部高原高山地区。在大通河流域位居第二大类型的是旧世界温带分布及其变型，有 49 属。温带亚洲成分在本区有 21 属。本区的地中海区、西亚至中亚分布类型有 13 属，多数属均只有 1 种，并且多是以零星分布的伴生类群出现。中亚分布在本区有 10 属。东亚分布是一个以森林和林下成分居多的类型，在本区共有 21 属。中国特有成分在本区有 8 属。包括虎榛子属、穴丝荠属、羌活属、羽叶点地梅属、合头菊属、华蟹甲草属、黄缨菊属和毛冠菊属。

在大通河流域种子植物区系中的中国特有植物所占比例最高。中国特有类型成分在本区的分布，无论是对气候、地理等生态环境因素的适应性，还是在传播途径、传播距离等方面都具有最大的优势。除了中国特有种以外，本区种类最多的是温带亚洲分布，有 158 种，占全区总种数的 13.69%。东亚分布类型在本区有 146 种，占 12.65%。本区的旧世界温带成分有 79 种占 6.85%。中亚分布 78 种，占 6.76%。主要是其中的典型成分以及中亚至喜马拉雅和我国西南分布的变型成分。北温带成分在本区分布的种类有 77 种。北温带类型在属一级的水平作为温带成分分布范围最广，而在种级的分布方面较之上述温带范围的其他类型在本区分布的数量却反而较少。

3 大通河流域青杆林群落调查

3.1 样地设置

于 2021 年 7 月至 2022 年 8 月，在全面踏查的基础上，在青海大通河流域北山林区选择人为干扰较少的青杆群落共布置样地 38 块，样地设置尽可能覆盖所调查区域的青杆林群落。22 块样地用于林分空间结构研究，包括 12 个 20 m × 20 m 青杆纯林样方，10 个 20 m × 20 m 青杆混交林样方，同时为避免边缘效应，设置 5 m 缓冲区（即样地四周均向外延伸 5 m），缓冲区乔木仅用作相邻木运算，利用 TOPCON 全站仪对每个样地内 DBH ≥ 5 cm 的林木进行定位。26 块用于青杆生长特性研究，在确保坡向、林分密度等立地条件相近的情况下，在北山林场的药水沟、金蝉沟和下乐窝选取三种不同坡度（缓坡≤ 15°、中坡 15° ～ 25°、陡坡≥ 25°）类型的青杆纯林，在北山林场的浪士当和黑龙沟选取了两种不同海拔（2300 m、2600 m）梯度的青杆纯林，每个坡度类型设置 6 个重复，每个海拔梯度设置 4 个重复。在乔木样方内四角和中间共设置五个面积为 5 m × 5 m 的灌木样方，每个灌木样方中分别设置一个面积为 2 m × 2 m 的更新样方和 1 m × 1 m 的草本样方。设置 24 块样地用于青杆群落类型及特征研究（图 3.1）。

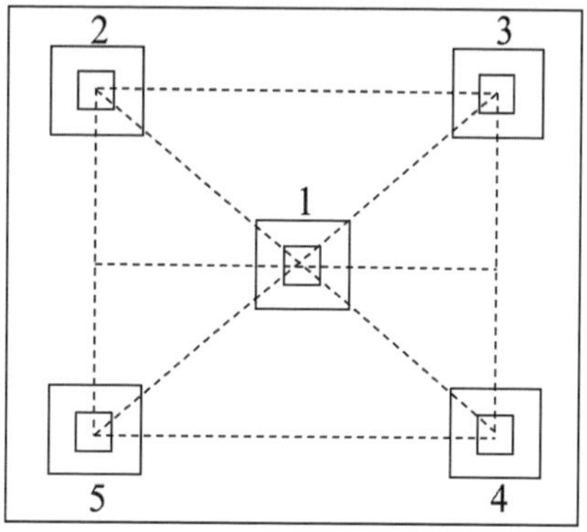

图 3.1　样地设置示意图

Fig 3.1 Diagram of sample plot setup

表 3.1　青杆纯林样方基本信息表

Table.3.1　Basic information of pure forest sample plots

林分类型 Forest type	坡度（度） Slope	样方号	平均密度（株 /hm²）	海拔（m）	平均胸径（cm）	平均树高（m）
缓坡 Gentle slope	3	1	750	2292	22.62	20.59
	5	2	1375	2284	21.2	19.73
	2	3	875	2341	22.89	22.89
	6	4	700	2390	27.15	27.15
中坡 Medium slope	16	5	1225	2370	17.74	14.36
	21	6	1125	2370	17.94	15.97
	19	7	825	2470	20.42	15.92
	22	8	950	2320	15.66	15.62
陡坡 Steep slope	29	9	1175	2294	16.09	13.11
	37	10	1350	2390	19.09	14.88
	31	11	1250	2370	16.58	13.54
	37	12	1100	2380	17.82	15.27

表 3.2　青杆混交林样方基本信息表

Table.3.2　Basic information of Picea wilsonii mixed forest sample plots

群落类型 Forest type	样方号	坡度（°）	海拔 (m)	密度（株 /hm²）	平均胸径 (cm)	平均树高 (m)	核心区林木占比(%)
青杆白桦林 Picea wilsonii & Betula platyphylla mixed community	13	22	2428	850	14.67	10.79	53.97
	14	28	2494	675	23.02	13.67	56.00
	15	18	2474	725	21.97	12.90	53.70
青杆红桦林 Picea wilsonii & Betula albosinensis mixed community	16	36	2590	1150	16.32	9.21	58.97
	17	37	2567	825	16.90	9.54	61.11
	18	30	2442	925	17.95	12.66	58.73
	19	33	2422	1225	17.80	13.40	56.32
青杆山杨林 Picea wilsonii & Populus davidiana mixed community	20	40	2375	1150	13.41	7.34	63.51
	21	38	2483	1300	16.22	10.77	65.82
	22	42	2471	800	16.85	13.22	62.75

表 3.3 不同坡度样方基本统计信息

Table.3.3 Basic statistical information of sites with different slopes

区域 Area	样方个数 Sample number	海拔 Elevation（m.s.l）	林分密度 Density（Tree/hm^2）	树高 Tree height（m）	胸径 DBH（cm）	平均木年龄 Mean age（a）
平坡	6	2284 ～ 2450	1116	16.7 (4.2 ～ 34.1)	18.2 (5.0 ～ 79.2)	60
中坡	6	2370 ～ 2470	1025	15.0 (3.9 ～ 33.2)	18.7 (5.0 ～ 81.0)	54
陡坡	6	2295 ～ 2390	1196	13.4 (3.2 ～ 30.1)	16.1 (5.0 ～ 51.2)	57

表 3.4 青杆群落类型及特征研究样方基本信息

Table.3.4 The basic information of the sample area

样方号 Number	海拔 Elevation（m）	纬度 Latitude（°N）	经度 Longitud（°E）	坡度 Slope（°）	林分密度（tree/hm^2）
1	2375	37.0224	102.4001	40	1175
2	2428	37.0211	102.3981	22	850
3	2483	37.0206	102.3974	23	1300
4	2494	37.0219	102.3553	28	675
5	2474	37.0215	102.3550	18	725
6	2590	36.9195	102.3967	36	1175
7	2567	36.9193	102.3962	37	825
8	2442	36.8234	102.5278	30	925
9	2422	36.8248	102.5278	33	1225
10	2292	36.9291	102.5225	28	825
11	2308	36.2900	102.5220	33	925
12	2471	36.9045	102.5288	42	800
13	2445	36.9046	102.5293	42	1675
14	2286	36.7870	102.6803	30	1100
15	2288	36.7870	102.6807	30	625
16	2289	36.7867	102.6805	28	1000
17	2620	36.9197	102.3962	40	850
18	2612	36.9188	102.3964	40	575
19	2288	36.7872	102.6801	25	725

续表

样方号 Number	海拔 Elevation（m）	纬度 Latitude（°N）	经度 Longitud（°E）	坡度 Slope（°）	林分密度（tree/hm^2）
20	2617	36.9293	102.3961	47	900
21	2370	36.5668	102.2820	16	1400
22	2374	36.5650	102.2879	18	1375
23	2380	36.5645	102.2874	37	1175
24	2370	36.5674	102.2868	21	1375

3.2 样方调查

对样方概况进行详细的调查记录，包括：调查时间、地点、林分类型、海拔、经纬度、坡度、坡向、树种、林分郁闭度等。

（1）乔木层调查（起测胸径为 5 cm）：测量并记录树种名称、胸径、树高、冠幅、定位（相对位置）、生活力、枝下高等，其中胸径采用胸径尺测量，树高采用 Haglof 激光测高仪测量。

（2）灌草调查：在面积为 5 m × 5 m 样方内调查灌木的物种名称、高度、地径以及盖度。在面积为 1 m × 1 m 小样方中调查草本物种名称、株数和盖度等。

（3）更新调查：根据《中华人民共和国林业行业标准》，将幼苗定义为树高小于 30 cm 的乔木，幼树定义为树高大于 30 cm 且胸径小于 5 cm 的乔木，在面积为 2 m × 2 m 的样方中记录幼苗和幼树的种名、高度、地径（树高大于 1.3 m 的幼树测量其胸径）等。

（4）地形因子调查：用 GPS 测定样地的海拔和地理坐标，罗盘仪测定坡度和坡向。

3.3 树木年轮样品采集与处理

3.3.1 树木样芯采集

为了分析不同海拔条件下青杆树干径向生长对气候变化响应的差异，本研究选取了 2600 m 和 2300 m 左右两个海拔梯度获取青杆样芯。根据树木年轮学的采样原理，在采样时尽量选择健康、无病虫害的树木，并使用口径 5.15 mm 的树木生长锥在树木胸径处（DBH=1.3 m）钻取样芯。由于在野外直接得到立木的年龄较为困难，采用胸径结构替代年龄结构代表青杆生长过程，正常条件下，树龄越大，胸径越粗。因此在两种不同海拔的 8 个样方内进行每木检尺后，划分不同的径级（5 ～ 10 cm、10 ～ 15 cm、15 ～ 20 cm、20 ～ 25 cm、25 ～ 30 cm、30 ～ 35 cm、35 ～ 40 cm），每个径级选取 3 株目标木，从目标木的东南和西北两个方向钻取 2 个样芯，用定制塑料吸管封装好，并记录标准地、树木的基本信息等，在使用塑料吸管时要注意在管壁上留下一些小洞，以便于水分的挥发，防止木芯的腐烂，最后选取树枝来堵住钻孔以保护树木，共采集 202 个青杆样芯，保存好木芯后带回实验室进行后续处理，采样的相关信息如表 3.5。

表 3.5　采样点基本统计信息

Table.3.5　Basic statistical information of sampling sites

采样点 Plots	海拔 Elevation（m.s.l）	坡向 Aspect（°）	坡度 Slope（°）	林分密度 Stand Density（Tree/hm^2）	树高 Tree height（m）	胸径 DBH（cm）
H1	2620	E85	40	600	12.8（5.1 ~ 25.2）	21.11（5.25 ~ 75.08）
H2	2612	E90	40	750	13.6（4.2 ~ 26.3）	21.51（5.24 ~ 55.28）
H3	2640	NE60	45	900	11.1（4.8 ~ 19.1）	16.39（5.38 ~ 45.13）
H4	2630	E80	43	725	14.7（5.4 ~ 29.2）	20.91（6.05 ~ 61.45）
L1	2286	N6	30	625	18.8（10.3 ~ 28.7）	20.89（8.12 ~ 37.29）
L2	2289	NE28	30	1025	14.4（6.2 ~ 21.2）	17.82（5.06 ~ 33.82）
L3	2300	NE23	30	850	16.1（7.7 ~ 26.7）	17.42（6.42 ~ 39.61）
L4	2288	NE40	25	725	17.3（7.3 ~ 25.2）	21.51（6.12 ~ 37.31）

3.3.2 树轮样品预处理

按照基本的获取树木年轮的程序对样芯做相关处理，首先将样芯放到通风条件较好的地方进行自然晾干。用乳胶将样芯固定在木槽中，并利用绳子把样芯和木槽捆绑固定，等待样芯风干，在处理树木木芯时，将弯曲变形的木芯固定在定制的木槽中用白乳胶黏贴固定，然后采用各类型的砂纸（120 目、

220 目、280 目、500 目、800 目）进行打磨，使得年轮宽度的边界清晰可见，最后使用 EPSON 扫描仪进行扫描并保存图片。

3.3.3 树干解析及处理

由于受到当地天然林保护工程的影响，解析木的采伐受到严重限制，因此对青杆生长研究中未能按常规要求采伐解析木，而是选取 4 株当年被风刮倒的青杆进行树干解析，这 4 株青杆被风连根刮倒，各树枝干保存完整，尚未腐烂。在树干解析前先准确测量胸径，标出南北向，分别测量东西、南北冠幅，测定树高、枝下高及树冠，然后打去枝丫，全树标明北向。按照中央断面区分求积法将树干按 2 m 分段，在 0 m、1.3 m、3.6 m、5.6 m 等树干处截取圆盘，并在圆盘的非工作面记录好基础信息，最后将圆盘带回室内进行处理。在处理树木圆盘时，将圆盘利用刨光机刨光工作面，然后采用各类型的砂纸仔细打磨，确保各年轮宽度的边界清晰可见，将工作面进行扫描并保存图片。

3.4 土壤调查

3.4.1 土壤样品采集

在每个样地以“S”形方式确定土壤采集点，采集前去掉表面凋落物和腐殖质层，在每个采集点用土钻法钻取 0 ～ 20 cm 的土壤样品，将土壤样品混合均匀，并过 2 mm 土壤分析筛去除石块、根系等杂物后装袋，带回实验室将其放置于阴凉处自然风干，进行土壤理化性质的测定。在每个样地内沿对角线设置三个土壤剖面，用容积为 100 cm^3 的环刀取 3 个 0 ～ 20 cm 土壤的土样，装入铝盒称重，随后放入烘箱在 105℃下烘至恒重，用于测定土壤含水率。

3.4.2 土壤养分测定

土壤含水量（SWC）采用烘干法进行测定；pH 采用玻璃电极法测定；土壤有机碳（SOC）含量采用重铬酸钾外加热法测定；全氮（TN）采用半微量凯氏定氮法测定；全磷（TP）采用酸溶 – 钼锑抗比色法测定；土壤硝态氮（NN）和铵态氮（AN）采用氯化钾浸提 – 流动分析仪法测定；有效磷（SAP）采用碳酸氢钠浸提 – 钼锑抗比色法测定。

4 大通河流域青杆林土壤理化性质

土壤是陆地生态系统中非常重要的生境[46]，对植物的生长有着非常重要的影响，并对植物群落的组成、演替和稳定性有很大的影响[47～48]。土壤 C、N、P 是土壤中最主要的营养成分，是植物生长所必需的物质，也是树木生长所必需的物质基础[49]。土壤 C、N、P 的含量及其生态化学计量学特征对土壤的肥力与生产力有着重要的影响[50]，在土壤 – 林分养分循环的体系中，林分对土壤 C、N、P 的反馈作用是不一样的[51]，但本研究对青海大通河流域不同类型青杆天然次生林经营管理，土壤理化性质和生态化学比变化规律，以及土壤理化性质与土壤理化性质之间相关性等研究欠缺，本章节只能以 5 种类型青杆林为研究对象，通过比较不同类型青杆林间各土层土壤理化性质以及生态化学计量特征，阐明不同类型青杆林的土壤特征。

4.1 研究方法

4.1.1 样地设置

于 2021 年 7 月至 2022 年 8 月，经实际勘察，青杆林主要以青杆纯林、青杆 × 山杨林、青杆 × 白桦林、青杆 × 红桦林、青杆 × 油松林五种类型为主，在全面踏查的基础上，在青海大通河流域北山林区选择人为干扰较少的不同类型青杆林共布置 15 块样地，每个类型青杆林 3 个重复。

4.1.2 土壤调查

4.1.2.1 土壤样品采集

在每个样地内沿对角线设置三个土壤剖面，用容积为 100 cm^3 的环刀，自下而上按照 0 ～ 20 cm、20 ～ 40 cm 土层取样，每层取 3 个重复，装入样品袋，带回实验室。同时，在各样地内采用土钻法和剖面法相结合的方式采集土壤样品。在每个样地内采用五点法，用直径 2 cm 的土钻按照 0 ～ 20 cm、20 ～ 40 cm 土层取样，每层取 3 个重复，将每一土层质量相当的土壤放置在塑料布上，剔除石砾、植物残根等杂物，混合均匀，四分法取约 1 kg 混合土样，装入预先写好编号的自封袋，带回实验室，风干、过筛，备用。

4.1.2.2 理化性质测定

（1）土壤物理性质的测定：土壤质量含水率（SWC）采用烘干法测定，土壤容重（SBD）采用环刀法测定。

$$\text{土壤质量含水率(SWC)}=\frac{(\text{湿土重}+\text{盒重})\text{g}-(\text{干土重}+\text{盒重})\text{g}}{\left(\text{干土重}+\text{盒重}\right)-\text{盒重 g}}\times 100(\%) \qquad (4\text{–}1)$$

$$\text{土壤容重（SBD）（g/cm}^3\text{）}=\frac{\text{环刀内烘干土质量 g}}{\text{环刀体积 cm}} \qquad (4\text{–}2)$$

（2）土壤化学性质测定方法：pH 采用玻璃电极法测定；土壤有机碳（SOC）含量采用重铬酸钾外加热法测定；全氮（TN）采用半微量凯氏定氮法测定；全磷（TP）采用酸溶－钼锑抗比色法测定；土壤有效磷（SAP）采用碳酸氢钠浸提－钼锑抗比色法测定；铵态氮（AN）和硝态氮（NN）采用氯化钾浸提－流动分析仪法测定。

4.2 不同类型青杆林土壤物理性质

4.2.1 土壤物理性质

由表 4.1 可知，5 种类型青杆林 0 ～ 40 cm 土层物理性质存在差异。青杆 × 红桦林 SWC 最高，显著高于青杆 × 山杨林、青杆纯林、青杆 × 油松林（$P<0.05$），青杆 × 白桦林，青杆 × 山杨林和青杆纯林之间有差异，但不显著，青杆 × 油松林 SWC 显著低于其他类型青杆林（$P<0.05$）。各类型间 SBD 都存在差异，表现为：青杆 × 油松林＞青杆 × 山杨林＞青杆 × 白桦林＞青杆纯林＞青杆 × 红桦林，青杆 × 油松林 SBD 显著高于青杆 × 红桦林（$P<0.05$）。

表 4.1 不同类型青杄林土壤物理性质

Table4.1 physical properties of soil under different types of Picea wilsonii.

处理	SWC（%）	SBD（g·cm^{-3}）
青杄纯林	23.36 ± 4.89b	0.60 ± 0.10bc
青杄 × 山杨	24.17 ± 5.40b	0.71 ± 0.10ab
青杄 × 白桦	27.19 ± 6.45ab	0.65 ± 0.07abc
青杄 × 红桦	31.34 ± 7.92a	0.56 ± 0.14c
青杄 × 油松	16.50 ± 2.37c	0.76 ± 0.15a

注：表中不同小写字母表示不同类型青杄林间差异显著（$P<0.05$），下同。

Note: Different lowercase letters indicate significant differences between different types of Picea wilsonii（$P<0.05$）, same below.

4.2.2 土壤物理性质的垂直变化

由图 4.1 可得，不同土层间 SWC 不存在显著性差异（$P<0.05$）。0 ～ 20 cm 土层 SWC 各类型青杄林之间差异不显著（$P<0.05$），青杄 × 红桦林 SWC 最高，依次为青杄 × 白桦林、青杄 × 山杨林、青杄纯林及 SWC 最低的青杄 × 油松林。20 ～ 40 cm 土层 SWC 各类型青杄林之间存在差异，但差异不显著，表现为青杄 × 红桦>青杄 × 白桦>青杄纯林>青杄 × 山杨>青杄 × 油松。

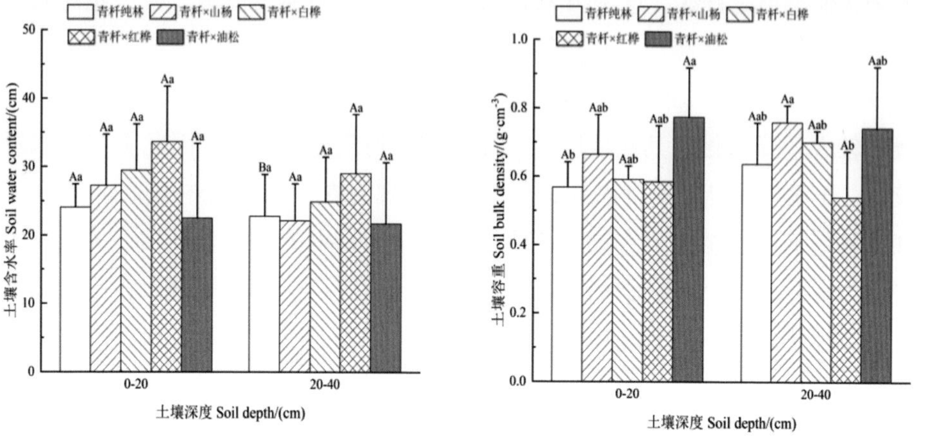

图 4.1 不同类型青杄林土壤物理性质垂直分布变化

Fig 4.1 Vertical distribution of soil stoichiometric ratio of different types of Picea wilsonii

注：图中不同大写字母表示不同土层间的差异显著，不同小写字母表示不同类型青杄林间差异显著（$P<0.05$）下同。

Note: Different uppercase letters indicate significant differences between different soil layers in the same column, and different lowercase letters indicate significant differences between different types of Picea wilsonii ($P<0.05$), same below.

不同土层间 SBD 不存在显著性差异，0 ～ 20 cm 土层 SBD 青杆纯林和青杆 × 油松林间存在显著差异，青杆 × 油松林 SBD 最高，青杆纯林 SBD 最低，青杆 × 山杨林、青杆 × 白桦林和青杆 × 红桦林三种不同青杆林与青杆纯林 SBD 和青杆 × 油松林 SBD 之间存在差异，但差异不显著，这三者间 SBD 也不存在显著差异。20 ～ 40 cm 土层 SBD 表现为青杆 × 山杨>青杆 × 油松>青杆 × 白桦>青杆纯林>青杆 × 红桦。各处理及对照都表现出，随着土层深度的增加，土壤容重增大。

4.2.3 讨论

在生态系统中，土壤是物质循环和能量流动的重要载体，土壤是植物生长发育的重要场所[52]。不同群落类型因其立地条件、根系分布、凋落物组成和分解速率等方面的差异而造成了土壤理化性质上的明显差异。土壤含水量是土壤孔隙度与保水性能的综合表现，能够反映出某一地区土壤的水分状况与营养状态，对土壤的形成和林木的生长具有非常重要的影响[53-54]。土壤容重对渗透性、通气性及保水性有较大影响[55-56]。本研究结果表明，随着土层的加深，土壤水分呈递减趋势，青杆 × 油松林最高，而青杆 × 油松林明显低于其他类型青杆林，这是因为青杆 × 红桦林是针阔混交林，并且相对其他类型青杆林海拔较高，具有较厚的枯落层，持水性能较强，导致土壤水分含量较高；而青杆 × 油松林属于针叶混交林，相对海拔较低，该地段气温较高，蒸发较大，降水相比其他地段少，加上枯落物现存量较低，因此土壤含水量较低。土壤容重结果和含水量完全相反，表现为青杆 × 油松林最高，青杆 × 红桦林最低，该结果再次证实了土壤含水量与容重的极显著负相关关系，主要因为青杆 × 油松林处于半阴坡，海拔较低，受人类活动影响较大，对植被的破坏也比较严重，土壤有机质含量较低，因此土壤容重较大。而青杆 × 红桦林处于高海拔地段，人为干扰较少，植被生长良好，凋落物在阴冷潮湿的环境中分解慢、容易累积，土壤有机质含量较高，因此土壤容重较小[57]。

4.3 不同类型青杆林土壤化学性质

4.3.1 土壤化学性质

5 种类型青杆林 0 ～ 40 cm 土层化学性质存在差异（表 4.2）。由表可知，

5 种青杆林类型土壤 pH 大于 7.5，均呈碱性；青杆纯林、青杆 × 山杨林、青杆 × 油松林土壤 pH 显著高于青杆 × 红桦林和青杆 × 白桦林，各类型青杆林 SOC 含量差异显著，表现为青杆 × 红桦林>青杆 × 山杨林>青杆 × 白桦林>青杆 × 油松林>青杆纯林，其中青杆 × 红桦林 SOC 含量高达 10.27 g/kg，分别是青杆 × 山杨林、青杆 × 白桦林、青杆 × 油松林、青杆纯林的 1.38、1.50、2.45 和 2.67 倍。各类型青杆林土壤 TN 表现出和 SOC 相似的趋势，青杆 × 红桦林 TN 含量显著高于其他类型青杆林，青杆 × 山杨林和青杆 × 白桦林、青杆 × 油松林和青杆纯林之间土壤 TN 含量差异不显著。青杆 × 红桦林和青杆 × 白桦林土壤 TP 含量显著高于青杆 × 山杨林、青杆纯林和青杆 × 油松林，青杆 × 山杨林、青杆纯林和青杆 × 油松林土壤 TP 含量之间不存在显著性差异。各类型青杆林土壤 AP 含量无显著性差异，从高到低依次排列为：青杆 × 油松林>青杆 × 白桦林>青杆纯林>青杆 × 山杨林>青杆 × 红桦林。各类型青杆林土壤 AP 含量差异不具有显著性，表现为青杆 × 白桦林>青杆 × 山杨林>青杆纯林>青杆 × 红桦林>青杆 × 油松林。青杆 × 白桦林土壤 NN 含量显著高于青杆 × 山杨林、青杆纯林、青杆 × 油松林。青杆 × 油松林土壤 NN 含量，仅占青杆 × 白桦林、青杆 × 红桦林的 0.28 和 0.32 倍。

表 4.2 不同类型青杆林土壤化学性质

Table4.2 chemical properties of soil under different types of Picea wilsonii

处理	pH	SOC (g/kg)	TN (g/kg)	TP (g/kg)	AP (mg/kg)	AN (mg/kg)	NN (mg/kg)
青杆纯林	8.41 ± 0.18a	3.84 ± 0.99c	1.52 ± 0.49c	0.55 ± 0.06b	4.08 ± 1.07a	0.93 ± 0.27a	0.36 ± 0.18c
青杆 × 山杨	8.39 ± 0.18a	7.44 ± 0.98b	2.54 ± 0.68b	0.59 ± 0.10b	4.06 ± 0.83a	0.97 ± 0.19a	0.45 ± 0.24bc
青杆 × 白桦	7.88 ± 0.40b	6.83 ± 1.63b	2.37 ± 0.54b	0.77 ± 0.05a	4.20 ± 0.80a	1.14 ± 0.34a	0.74 ± 0.39a
青杆 × 红桦	7.96 ± 0.18b	10.27 ± 2.02a	3.24 ± 0.87a	0.79 ± 0.14a	3.74 ± 0.93a	0.91 ± 0.16a	0.65 ± 0.16ab
青杆 × 油松	8.37 ± 0.22a	4.20 ± 0.89c	1.27 ± 0.25c	0.52 ± 0.07b	4.43 ± 1.00a	0.87 ± 0.16a	0.21 ± 0.03c

注：SOC：土壤有机碳；TN：土壤全氮；TP：土壤全磷；AP：速效磷；AN：铵态氮；NN：硝态氮

4.3.2 土壤化学性质的垂直变化

由图 4.2 可知，不同土层间 pH 不存在显著性差异，0 ～ 20 cm 土层 pH 均小于 20 ～ 40 cm 土层 pH。0 ～ 20 cm 土层 pH 中青杆纯林、青杆 × 山杨林和青杆 × 油松林 pH 显著高于青杆 × 白桦林，青杆 × 山杨林 pH 最高为

8.35 ± 0.187，青杆 × 白桦林 pH 最低为 7.72 ± 0.514。20 ～ 40 cm 土层 pH 中各类型青杆林之间存在差异，但差异不显著，表现为青杆纯林＞青杆 × 山杨＞青杆 × 油松＞青杆 × 白桦＞青杆 × 红桦。不同土层 SOC 只有青杆 × 红桦林具有显著差异，青杆 × 红桦林 0 ～ 20 cm 土层 SOC 显著高于 20 ～ 40 cm 土层 SOC，其余不同类型青杆林表现为 0 ～ 20 cm 土层 SOC 均大于 20 ～ 40 cm 土层 SOC，但差异不显著。0 ～ 20 cm 土层 SOC 和 20 ～ 40 cm 土层 SOC 都表现为青杆 × 红桦显著高于青杆 × 山杨、青杆 × 白桦、青杆 × 油松、青杆纯林，青杆 × 山杨林和青杆 × 白桦林之间差异不显著、青杆 × 油松和青杆纯林间差异不显著，但青杆 × 山杨林和青杆 × 白桦林土壤 SOC 都显著高于青杆 × 油松、青杆纯林。不同土层 TN 中青杆 × 山杨林和青杆 × 白桦林具

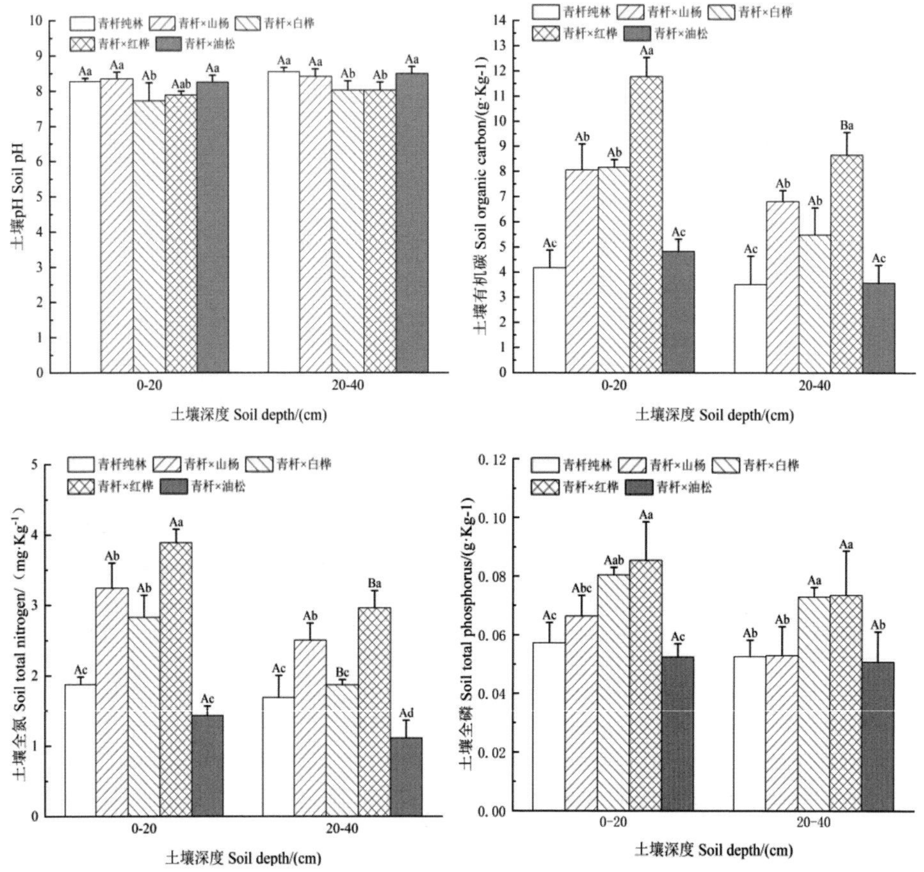

图 4.2　不同类型青杆林土壤 pH、有机碳、全氮、全磷的垂直分布变化

Fig 4.2　Vertical distribution of soil pH, soil organic carbon, soil total nitrogen and soil total phosphorus of different types of *Picea wilsonii*

有显著差异，0 ～ 20 cm 土层 TN 青杆 × 山杨林显著高于 20 ～ 40 cm 土层 TN（$P < 0.05$），且高出 28.00%，相比于青杆 × 白桦林 20 ～ 40 cm 土层 TN，0 ～ 20 cm 土层 TN 增加了 47.37%。0 ～ 20 cm 土层 TN 表现为青杆 × 红桦林>青杆 × 山杨林>青杆 × 白桦林>青杆纯林>青杆 × 油松林，其中青杆 × 红桦林显著高于其他类型青杆林，青杆 × 山杨林和青杆 × 白桦林间不存在显著差异，青杆纯林和青杆 × 油松林间也不存在显著差异，但青杆 × 山杨林和青杆 × 白桦林显著高于青杆纯林和青杆 × 油松林。20 ～ 40 cm 土层 TN 表现出和 0 ～ 20 cm 土层一样的趋势，青杆 × 红桦林>青杆 × 山杨林>青杆 × 白桦林>青杆纯林>青杆 × 油松林，仅青杆 × 白桦林和青杆纯林间不存在显著差异，其余不同类型青杆林之间差异均显著。不同土层 TP 间不存在显著差异，但 0 ～ 20 cm 土层 TP 均大于 20 ～ 40 cm 土层 TP。0 ～ 20 cm 土层 TP 表现为青杆 × 红桦林显著高于青杆 × 山杨林、青杆纯林、青杆 × 油松林，青杆 × 白桦林显著高于青杆纯林、青杆 × 油松林，其余不同类型青杆林间不存在显著性差异。20 ～ 40 cm 土层 TP 和 0 ～ 20 cm 土层表现相似趋势，青杆 × 红桦林和青杆 × 白桦林显著高于青杆 × 山杨林、青杆纯林、青杆 × 油松林。

所有类型青杆林不同土层 SAP 间都存在显著差异（$P < 0.05$），且都表现为 0 ～ 20 cm 土层 SAP 大于 20 ～ 40 cm 土层。0 ～ 20 cm 不同类型青杆林 SAP 差异不显著（$P < 0.05$），表现为青杆 × 油松林>青杆纯林>青杆 × 山杨林>青杆 × 红桦林>青杆 × 白桦林。20 ～ 40 cm 土层 SAP 只有青杆 × 油松林显著高于青杆 × 白桦林（$P < 0.05$），其他类型青杆林之间不存在显著性差异（$P < 0.05$）。

青杆 × 山杨林、青杆 × 白桦林和青杆 × 油松林 0 ～ 20 cm 土层土壤 AN 含量显著性高于 20 ～ 40 cm 土层（$P < 0.05$），其他类型青杆林不同土层间不存在显著性差异（$P < 0.05$）。0 ～ 20 cm 土层 AN 中青杆 × 白桦林显著高于其他类型青杆林（$P < 0.05$），青杆 × 白桦林以外的青杆林之间不存在显著差异（$P > 0.05$），分别比青杆纯林、青杆 × 山杨林、青杆 × 红桦林、青杆 × 油松林高 43.5%、23.4%、21.1%、37.0%。20 ～ 40 cm 土层 AN 各类型青杆林之间不存在显著性差异（$P < 0.05$）。

不同土层 NN 中青杆 × 山杨林和青杆 × 白桦林具有显著性差异（$P < 0.05$），都表现为 0 ～ 20 cm 土层 NN 含量显著高于 20 ～ 40 cm 土层。其

他类型青杆林不同土层 NN 含量均无显著性差异，除了青杆纯林，其他类型青杆林均表现为 0 ～ 20 cm 土层 NN 含量大于 20 ～ 40 cm 土层。0 ～ 20 cm 土层 NN 含量中青杆 × 白桦林和青杆 × 红桦林显著高于其他类型青杆林($P<0.05$)，青杆纯林和青杆 × 油松林之间差异不显著（ $P<0.05$ ）20 ～ 40 cm 土层 NN 青杆 × 红桦林显著高于青杆 × 山杨林、青杆纯林、青杆 × 油松林，其余类型青杆林之间具有差异，但不显著。

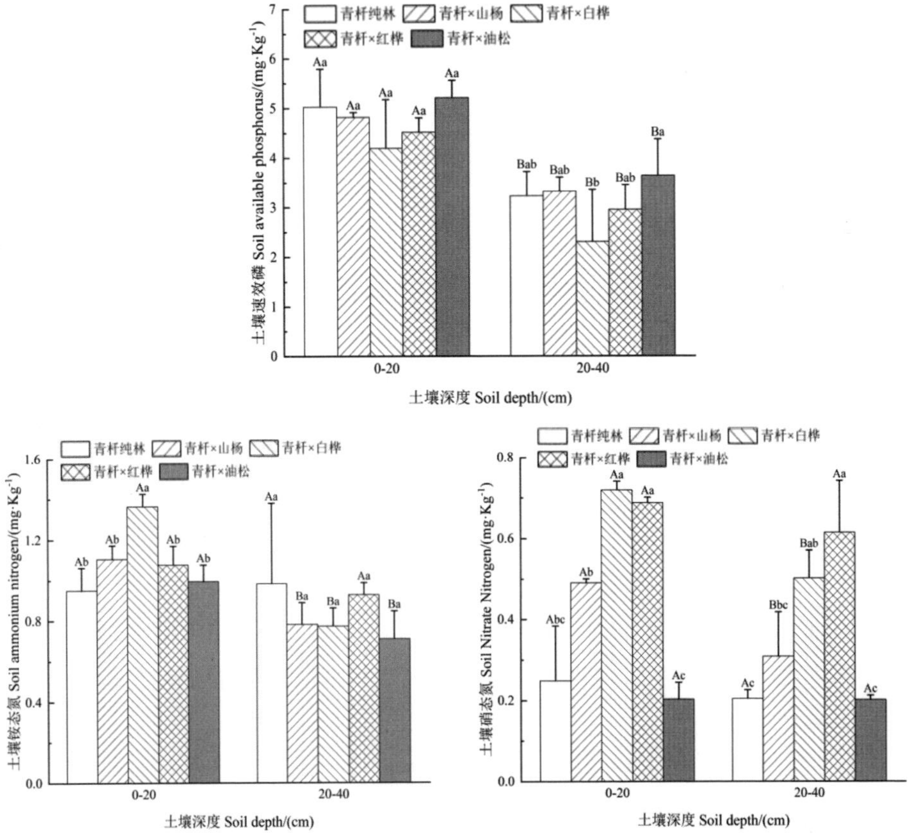

图 4.3 不同类型青杆林土壤速效磷、铵态氮、硝态氮的垂直分布变化

Fig 4.3 Vertical distribution of soil available phosphorus, soil ammonium nitrogen and soil nitrate nitrogen of different types of *Picea wilsonii* Mast.

4.3.3 讨论

土壤 pH 是土壤重要化学性质中的一种，影响着大多数植物生长活动所必需的养分元素，从而影响植物的生长、土壤的肥力状况以及其他理化性质[58]。研究发现，该区的土壤都为碱性土，pH 为 7.88 ～ 8.41，且随土层深度的增加而增加，这与何宇等在祁连山北山林区土壤研究结果一致[59]。

不同类型青杄林土壤C、N含量具有明显差异，主要表现为针阔混交林的C、N含量显著高于针叶混交林和针叶纯林，这和许窕孜在北江中下游不同林分类型的研究结果相吻合[60]。由于林分构成的不同，其表层凋落物的储存量、分解率以及根系的生长发育都有着明显的差别，针阔混交林每年产生与积累的枯枝落叶、根系数量和土壤生物活性均高于针叶混交林和针叶纯林，从而导致针阔混交林的C、N含量显著高于针叶混交林和针叶纯林[61]，且土壤C、N含量随土层深度增加而降低，这与张雨鉴等对滇中亚高山5种林分类型的研究结果相似[62]。表层土壤更容易受到外部气候条件、地表生物量和生产活动等一系列因素的影响，与腐殖质层直接接触，物质迁移和循环迅速，同时土壤中也含有丰富的有效态营养，因此，土壤中的凋落物营养物不仅数量多而且集中，而且还会经过其他介质逐步向下扩散和流动。下层土壤基本没有受到地面因子的影响，根系分布稀少，较为紧密，物质转化缓慢，养分供给较少[63-64]。

4.4 不同类型青杄林土壤化学计量比

4.4.1 土壤化学计量比特征

由表4.3可知，青杄纯林C：N显著低于其他类型青杄林（$P<0.05$），青杄×山杨林、青杄×白桦林、青杄×红桦林、青杄×油松林之间没有显著性差异（$P>0.05$）。土壤C：P中青杄×山杨林、青杄×红桦林显著高于青杄×白桦林、青杄×油松林、青杄纯林，青杄×白桦林显著高于青杄×油松林和青杄纯林。青杄×山杨林和青杄×红桦林N：P显著高于其他类型青杄林（$P<0.05$），青杄纯林和青杄×白桦林显著高于青杄×油松林（$P<0.05$）。

表4.3　不同类型青杄林土壤化学计量比特征

Table 4.3　Characteristics of soil stoichiometric ratio of different types of Picea wilsonii

处理	C : N	C : P	N : P
青杄纯林	21.94 ± 4.23b	68.33 ± 10.33c	3.15 ± 0.34b
青杄 × 山杨	30.15 ± 5.62a	131.29 ± 10.25a	4.42 ± 0.55a
青杄 × 白桦	28.84 ± 3.70a	88.26 ± 16.24b	3.07 ± 0.52b
青杄 × 红桦	32.74 ± 6.52a	129.84 ± 17.95a	4.04 ± 0.73a
青杄 × 油松	32.97 ± 1.23a	81.15 ± 12.57bc	2.45 ± 0.31c

4.4.2 土壤化学计量比的垂直变化

由图 4.4 可得，不同土层 C ：N 中 0 ～ 20 cm 青杆纯林显著高于 20 ～ 40 cm，0 ～ 20 cm 青杆 × 红桦林显著低于 20 ～ 40 cm（P＜ 0.05）。所有土层均表现出青杆和其他树种混交会提高土壤 C ：N，0 ～ 20 cm 土层土壤 C ：N 表现为青杆 × 油松林显著高于青杆 × 红桦林、青杆 × 白桦林，显著高于青杆 × 山杨林、青杆纯林（P＜ 0.05）。20 ～ 40 cm 土层土壤 C ：N 表现为青杆 × 红桦林、青杆 × 山杨林和青杆 × 油松林显著高于青杆 × 白桦林、青杆纯林（P＜ 0.05）。不同土层均表现为 0 ～ 20 cm 土层 C ：P 高于 20 ～ 40 cm 土层，其中青杆 × 白桦林和青杆 × 油松林 0 ～ 20 cm 土层 C ：P 显著高于 20 ～ 40 cm 土层（P＜ 0.05），其他类型青杆林不同土层间差异不显著。0 ～ 20 cm 土层 C ：P 表现为青杆 × 山杨林和青杆 × 红桦林显著高

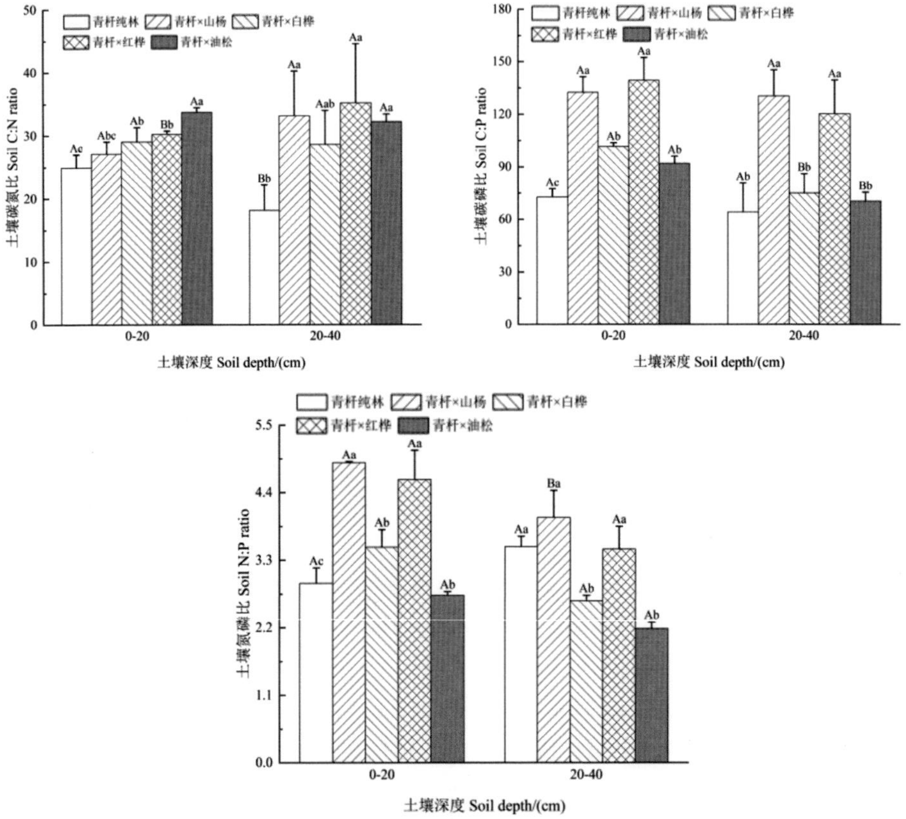

图 4.4　不同类型青杆林土壤化学计量比的垂直分布变化

Fig 4.4　Vertical distribution of soil stoichiometric ratio of different types of *Picea wilsonii*

于青杆 × 白桦林、青杆 × 油松林和青杆纯林（$P<0.05$），青杆 × 白桦林和青杆 × 油松林显著高于青杆纯林（$P<0.05$）。20 ～ 40 cm 土层 C ：P 和 0 ～ 20 cm 土层表现出类似趋势，青杆 × 山杨林>青杆 × 红桦林>青杆 × 白桦林>青杆 × 油松林>青杆纯林。不同土层 N ：P 中只有青杆 × 山杨林具有显著性差异，表现为 0 ～ 20 cm 土层 N ：P 显著高于 20 ～ 40 cm 土层（$P<0.05$）。0 ～ 20 cm 土层 N ：P 表现和 0 ～ 20 cm 土层 C ：P 相似，为青杆 × 山杨林和青杆 × 红桦林显著高于青杆 × 白桦林、青杆 × 油松林和青杆纯林（$P<0.05$），青杆 × 白桦林和青杆 × 油松林显著高于青杆纯林（$P<0.05$）。20 ～ 40 cm 土层 N ：P 表现为青杆 × 山杨林、青杆纯林和青杆 × 红桦林显著高于青杆 × 白桦林、青杆 × 油松林（$P<0.05$）。

4.4.3 讨论

养分化学计量比被认为是揭示 C、N、P 矿化和固持作用及土壤内部元素循环的主要指标之一[65–69]。其中土壤 C ：N 是反映土壤有机质矿化分解速率的重要指标，C ：N 越高，说明土壤有机质的分解速度和矿化速度越低。本研究中，所有类型青杆林的土壤 C ：N 值（21.94 ～ 32.97）均比全国平均值（12.3）[71] 偏大，说明该区域不同类型青杆林下土壤有机质分解速率及矿化速率缓慢，有利于土壤中有机质的累积，这与何高迅的研究结果相似[70]。土壤 C ：P 揭示了土壤 P 的矿化能力，C ：P 较低时，有利于微生物对有机质的分解，释放养分，提高有效 P 含量； C ：P 较高时，则会引起微生物对土壤中无机 P 的竞争，对植物的生长不利[72]。本研究中，不同类型青杆林土壤 C ：P 值（68.33 ～ 131.29），远高于全国平均值（61.0）[71]，说明该研究区所有类型青杆林土壤 P 元素有效性较低，土壤 P 矿化速率较慢，同时 P 对微生物分解过程中会有限制作用[70]。土壤 N ：P 值可以被用来预测土壤营养受限状态，同时它也是判断土壤 N 饱和状态的一个重要指标[70]。本研究区所有类型青杆林中土壤 N ：P 值（2.45 ～ 4.42）均小于全国平均值（5.2）[71]，这可能与研究区降雨量大，淋溶作用导致土壤中 P 积累量较小有关。有研究揭示，N ：$P<10$ 时受 N 限制，N ：$P>20$ 时受 P 限制，$10<$ N ：$P<20$ 时受 N 和 P 共同限制[73]。本研究中所有类型青杆林土壤 N ：P 值（2.45 ～ 4.42）均小于 10，说明该区域青杆林植被生长受到严重的土壤 N 素限制，该结果与刘帅楠等[74–75] 在黄土丘陵区对植被类型及生长季阶段对土壤碳氮磷生态化学

计量特征的影响研究结果一致。

青杆混交林土壤 C ： N 和 C ： P 值均显著高于青杆纯林（$P < 0.05$），这是因为混交林比纯林植物丰富度更高、对土壤养分利用率更高、林分稳定性更高。不同类型青杆混交林之间土壤 C ： N 值没有显著性差异，这是因为 C 和 N 作为重要的结构成分，具有相对固定的消长规律，对环境变化的响应几乎同步 [76]，同时这和化学计量学的基本原理也相符合 [77]。不同类型青杆林土壤 C ： N 随土层加深呈现了不一致的变化规律，这和马剑关于祁连山北麓中段的研究结果相似 [57]，因为土壤化学计量一般受气候、土壤、植被等因素的影响，但是随着土层的加深，气温、降水和植被等因素的影响逐渐减弱，土壤因子的影响逐渐增大 [78]。

4.5 青杆林土壤理化性质和化学计量的关系

4.5.1 土壤理化性质和化学计量的相关性

Pearson 相关性分析表明，土壤理化性质和化学计量之间存在一定的关系（表 4.4）。其中，土壤 pH 与 NN、TN、TP 呈现极显著负相关关系（$P < 0.01$），与 SWC、SOC、C/P 呈现显著负相关关系（$P < 0.05$）。土壤 SWC 和 SBD 呈现极显著负相关关系（$P < 0.01$），SWC 和 SOC、N/P 呈现极显著正相关关系（$P < 0.01$），SWC 和 TN、TP、C/P 呈现显著正相关关系（$P < 0.05$）。SBD 和 SOC 呈现显著负相关关系（$P < 0.01$）。土壤 SOC、TN、TP 三者之间两两比较均呈现出极显著正相关关系（$P < 0.01$），SOC 与 AN、NN 都呈现出显著正相关关系（$P < 0.05$）。土壤 SOC 和 TN 都与 C/P、N/P 呈现出极显著正相关关系（$P < 0.01$）。土壤 TP 含量和 C/P 呈现显著正相关关系（$P < 0.05$）。C/N 与 C/P 呈现出极显著正相关关系（$P < 0.01$），C/P 与 N/P 也呈现出极显著正相关关系（$P < 0.01$）。

表 4.4 青杆林土壤理化性质和化学计量的相关性

Table4.4 Correlation coefficient between soil physical properties and soil stoichiometry

	pH	SWC	SBD	SAP	AN	NN	SOC	TN	TP	C/N	C/P	N/P
pH	1.000	−0.407*	0.143	−0.172	−0.185	−0.568**	−0.402	−0.469**	−0.544**	−0.223	−0.336	−0.129
SWC		1.000	−0.527**	−0.194	0.209	0.227	0.581**	0.371*	0.423*	−0.042	0.363*	0.448**
SBD			1.000	0.025	−0.210	−0.075	−0.388*	−0.044	0.174	0.211	−0.060	−0.278
SAP				1.000	0.234	0.036	0.205	0.062	−0.039	−0.155	0.169	0.218

续表

	pH	SWC	SBD	SAP	AN	NN	SOC	TN	TP	C/N	C/P	N/P
AN					1.000	0.219	0.381^{*}	0.143	0.026	−0.018	0.236	0.311
NN						1.000	0.385^{*}	0.349^{*}	0.461^{**}	0.140	0.297	0.225
SOC							1.000	0.775^{**}	0.569^{**}	0.265	0.789^{**}	0.717^{**}
TN								1.000	0.811^{**}	0.229	0.712^{**}	0.675^{**}
TP									1.000	0.141	0.419^{*}	0.304
CN										1.000	0.564^{**}	−0.214
CP											1.000	0.722^{**}
NP												1.000

注：* 表示在 0.05 水平上显著相关；** 表示在 0.01 水平上显著相关。

Note: *indicates significant correlation at 0.05 level; **indicates significant correlation at 0.01 level.

4.5.2 讨论

Pearson 相关分析表明，研究区内 C/N、N/P 和 SWC 呈显著或极显著正相关关系，其原因为 SWC 的增加能够提升 SOC、TN、TP 含量 [79]，尤其 SWC 的增加对 SOC 的影响更为明显，此结果和马剑等关于祁连山北麓的研究结果一致 [57]。土壤 AN、NN、SOC、TN、TP、C/P、N/P 和 SBD 均呈现负相关关系，因为 SBD 不同，通过影响凋落物的分解进而影响营养元素的积累 [80] 容重越大，土壤越紧实，透气透水性越差，土壤中氧气越少，从而限制了土壤微生物的活动，导致土壤中 AN、NN、SOC、TN、TP 含量降低，进一步导致 C/P、N/P 减少 [81–82]。土壤 SOC、TN、TP 三者之间两两比较均呈现出极显著正相关关系，且 C/N、C/P、N/P 和 SOC、TN、TP 都呈现正相关关系，其中 SOC 的相关系数均大于 TN 和 TP 的，因此 C/N、C/P、N/P 中 SOC 的作用更明显一些。

4.6 小结

大通河流域 5 种类型青杆林土壤 SWC 和 SBD 随着土壤深度加深，呈现相反变化趋势，SWC 随着土壤深度加深逐渐减小，SBD 随着土层加深而递增。5 种类型青杆林土壤 pH 均呈现碱性（7.88 ～ 8.41），表现为青杆纯林＞青杆 × 山杨林＞青杆 × 油松林＞青杆 × 红桦林＞青杆 × 白桦林，并且 pH 随着土层加深而递增。青杆和别的树种混交对土壤 SOC、TN 和 TP 含量有显著影响，5 种类型青杆林土壤 SOC、TN 和 TP 含量都呈现出随着土层加深而增加，青杆纯林土壤 SOC、TN 和 TP 含量均处于低水平，表层土壤表现更为明显，尤其青杆 × 红桦林土壤 SOC、TN 和 TP 含量总是显著高于青杆纯林。不同类型青杆林对土壤 SAP 和 AN 含量无显著影响，但青杆针阔混交林土壤 NN 含量均高于青杆纯林，表现为青杆 × 白桦林>青杆 × 红桦林>青杆 × 山杨林>青杆纯林。所有混交类型青杆林土壤 C ∶ N 均显著高于青杆纯林，青杆纯林土壤 C ∶ P 也是所有类型青杆林中最低的，青杆 × 油松林土壤 N ∶ P 是所有类型青杆林中最低的。

土壤 pH 和土壤养分含量指标及化学计量比均呈现负相关关系，其中与 NN、TN、TP 呈现极显著负相关关系，与 SWC、SOC、C/P 呈现显著负相关关系。土壤 SWC 和 SBD 呈现极显著负相关关系。土壤 SOC、TN、TP 三者之间两两比较均呈现出极显著正相关关系。土壤 SOC 和 TN 含量与 C/N 表现正相关关系，土壤 SOC 和 C/P 呈现极显著正相关关系，TP 和 C/P 呈现显著正相关关系。土壤 TN 含量和 TP、C/P、N/P 也都呈现出极显著正相关关系。

5 大通河流域青杆林群落特征

森林生态系统稳定性的维持与管理需要科学、合理的理论依据。划分植物群落可对某一区域的植被进行全面系统的了解，揭示群落间断性[83]，也可以在一定程度上反映群落类型与生境之间的关系。类型划分中，物种不仅是一个进化单位，也是生态信息的载体，是定义和构建植被类型的主要属性；群落稳定性受到群落结构和功能的共同作用，是群落结构、生物多样性、生境条件等因素的共同效应[84]，而森林更新是影响森林生态系统分布格局和演替的重要领域之一，下层更新的结构和动态制约着主林层的结构、生长动态和稳定性，也影响着持续发挥森林的生态、经济与社会效益。

本研究以青海大通河流域的青杆群落为研究对象，在样地调查的基础上，运用数量生态学方法，对样地群落类型进行划分，通过计测样地物种重要值、物种多样性指数以及坡度、海拔、林分密度、灌草盖度、土壤等环境因子指标，研究群落的物种组成、径级结构、高度级结构、多样性特征和更新特征，以及环境因子对物种多样性、乔木更新的影响，以期辨析影响青海大通河流域青杆群落特征、乔木更新的主要因子。为青杆群落研究提供基础资料，同时为该地区的青杆群落的物种多样性及可持续性经营提供科学的理论依据。

5.1 研究方法

5.1.1 林分密度

按照株数密度进行计算：单位面积上的林木株数（株 /hm^2）[85]

5.1.2 重要值计算

乔木重要值 IV =（相对频度 + 相对密度 + 相对显著度）/3 （5–1）

灌木及草本重要值 IV =（相对频度 + 相对密度 + 相对盖度）/3 （5–2）

5.1.3 多样性指数分析

本研究选取以下 4 种多样性指数进行分析：选定 α 多样性中的物种丰富度 R、Shannon–Wiener 指数、Simpson 指数、Pielou 均匀度指数来分别衡量青杆群落乔木层、灌木层和草本层的植物丰富性、多样性、优势度和分布状况。多样性指数计算公式为[86–87]：

物质丰富度：S （5–3）

Simpson 优势度指数：$D = 1 - \sum_{i=1}^{s} P_i^2$ （5–4）

Shannon 优势度指数：$H =- \sum_{i=1}^{s} (P_i lnP_i)$ （5–5）

Pielou 均匀度指数：$J = H/ lnS$ （5–6）

式中，S 为样方内物种总数，P_i 为 i 种的相对重要值。 利用 R4.2.2 软件 vegan 包完成多样性指数计算。

5.1.4 径级划分

为使数据更符合正态分布以及各径级和高度级分布均匀，青杆各群落类型径级各高度级均采用上限排外法进行划分[88]。

对胸径 5 cm 以上的优势种划分径级结构，以 4 cm 为一个径阶：5 cm ≤ D ≤ 9 cm 为第 Ⅰ 径级，9 cm ≤ D ≤ 13 cm 为第 Ⅱ 径级，13 cm ≤ D ≤ 17 cm 为第 Ⅲ 径级，以此类推。根据国家森林资源水平层次划分标准，6 ～ 12 cm 胸径为小径级木，14 ～ 24 cm 胸径为中径级木，26 ～ 36 cm 胸径为大径级木，38 cm 以上胸径为特大径级木。根据整理统计的数据划分盖度级结构，以 3 m 为一个高度级：3 m ≤ H ≤ 6 m 为第 Ⅰ 高度级，6 m ≤ H ≤ 9 m 为第 Ⅱ 高度级，9 m ≤ H ≤ 12 m 为第 Ⅲ 径级，以此类推。

5.1.5 Ward 最小方差聚类

基于每个样地内物种株数数据，利用最小二乘法线性模型准则，分组依据是使组内平方和（基于欧式模型）最小化。聚类簇内方差和等于聚类簇内成员间距离的平方和除以对象的数量。利用 hclust 函数，选择 method= “ward” 参数，运行 Ward 最小方差聚类进行群落类型划分。

Ward 最小方差聚类又称离差平方和法，离差平方和法是 ward 提出的，所以也称为 ward 法 [89]，它根据方差分析的原理，如果类分的合理，则相同类之间的离差平方和应当比较小，不同类之间的离差平方和应当比较大。假设已对 n 个样品进行了分类，并且分类的个数为 k，G_1，$G_2 \cdots G_k$ 表示为 K 个类，G_t 类中的样品个数用 n_t 表示，G_t 类的 $X^{(t)}$ 重心用表示，G_t 类中的第 i 个样品用 $X_i^{(t)}$ 表示（i=1,2⋯n_t），则 Gt 类中的样品离差平方和表示为：

$$W_t = \sum_{i=1}^{n_t} \left(X_i^{(t)} - \overline{X}^{(t)}\right)' \left(X_i^{(t)} - \overline{X}^{(t)}\right) \tag{5-7}$$

其中 $X_i^{(t)}$，$\overline{X}^{(t)}$ 为 m 维向量，Wt 为一数值（t=1，2⋯k）

k 个类的总离差平方和为：

$$W = \sum_{t=1}^{k} W_t = \sum_{t=1}^{k} \sum_{i=1}^{n_t} \left(X_i^{(t)} - \overline{X}^{(t)}\right)' \left(X_i^{(t)} - \overline{X}^{(t)}\right) \tag{5-8}$$

离差平方和法的基本原理是：先把 n 个样品各自分成一类，此时 w=0，然后每次对其中的某两个类进行合并，因每次缩小一类离差平方和就会增加，这时应该选使增加最小的两个类进行合并，直到所有的样品合并为一类为止。

离差平方和法是把某两类进行合并后所增加的离差平方和看成是这两类间的平方距离，即：

$$D^2{}_{pq} = W_r - (W_p + W_q) \tag{5-9}$$

表示 G_p 类和 G_q 类的平方距离，其中$G_r = \left\{G_p, G_q\right\}$，$W_r$，$W_p$，$W_q$ 分别为 G_r，G_p，G_q 类中样品的离差平方和。由定义得：

$$W_r = \sum_{t=1}^{n_r} (X_t^{(r)} - \overline{X}^{(r)})'(X_t^{(r)} - \overline{X}^{(r)}) \tag{5-10}$$

$$= \sum_{i=1}^{n_p} (X_i^{(p)} - \overline{X}^{(r)})'(X_i^{(p)} - \overline{X}^{(r)}) + \sum_{i=1}^{n_q} (X_i^{(q)} - \overline{X}^{(r)})'(X_i^{(q)} - \overline{X}^{(r)}) \tag{5-11}$$

其中，

$$\bar{X}^{(r)} = \frac{1}{n_r}(n_p \bar{X}^{(p)} + n_q \bar{X}^{(q)}) \tag{5-12}$$

$$D^2{}_{pq} = Wr - (W_p + W_q) \tag{5-13}$$

$$= \frac{n_p n_q}{n_r}(\bar{X}^{(p)} - \bar{X}^{(q)})'(\bar{X}^{(p)} - \bar{X}^{(q)}) \tag{5-14}$$

当样品间距离采用欧式距离时，则上式为：$D^2{}_{pq} = \frac{n_p n_q}{n_r} d^2{}_{pq}$.$d^2{}_{pq}$为$G_p$，$G_q$的重心$\bar{X}^{(p)}$和$\bar{X}^{(q)}$之间的平方距离：$d^2{}_{pq} = d^2(\bar{X}^{(p)}, \bar{X}^{(q)})$。

当G_p和G_q合并为新类G_r后，则G_r与其他类G_k之间的距离为：

$$D^2{}_{rk} = \frac{n_r n_k}{n_r + n_k}(\bar{X}^{(r)} - \bar{X}^{(k)})'(\bar{X}^{(r)} - \bar{X}^{(k)}) \tag{5-15}$$

$$= \frac{n_r n_k}{n_r + n_k} D^2{}_{pk} + \frac{n_q n_k}{n_q + n_k} D^2{}_{qk} - \frac{n_k}{n_r + n_k} D^2{}_{pq} \tag{5-16}$$

5.1.6 数据处理

利用 Excel2022 对所有数据进行整合和基本处理，并完成乔木和林下灌草重要值计算；群落类型采用优势种命名法，依据优势原则按照重要值大小确定群落优势种，按照乔灌草分层，同一层的优势种用“+”连接，不同层次间用“–”连接。

运用 SPSS22.0 对不同群落类型之间以及相同群落类型各层次之间的群落物种多样性；不同群落类型间的群落垂直结构、径级结构、高度级结构以及更新特征进行单因素方差分析（One–way ANOVA），采用 LSD 法进行显著性差异检验，显著性水平设置为（$P < 0.05$）；其中对于对数转换后仍不服从正态分布以及方差不齐的数据进行非参数检验，并采用 Kruskal–Wallis H 检验方法进行数据两两比较检验其显著性差异。

对群落和各层次物种多样性以及更新密度及其影响因素作 Pearson 相关性分析，采用“corrplot”包绘制相关性热图。将具有显著相关性的多样性指数和环境因子进行回归分析，选择 SPSS 22.0 软件提供的线性、多项式、指数、对数、乘幂等 11 种拟合函数方程中选择具有显著性且拟合度最高的进行讨论。

本研究中所有数据均用平均值标准误差表示。所有的图均在 Origin 2021 中绘制完成。

5.2 青杆林群落类型

物种是组成植物群落的基本单元，物种组成是研究植物群落特征的基础，不同植物群落反映着群落的演替趋势和生境适应性。植被数量分类是基于样方内植物物种组成及其数量特征，通过一定数学方法计算样方与物种之间的相似系数并合并为组，已成为当前植被生态学研究的热点问题[90–91]。植被数量分析是现代植被生态学研究的重要手段，研究方法应用较多的有基于单元分化的关联分析法[92～93]；具有较强客观性，可排除外界干扰的聚类分析法[94]；以 TWINSPAN 占主导地位的多元分划法[95–97]；基于模糊集理论上的模糊数学分类等。借助于数量分析方法可以避免人为的主观判断造成的结果误差，将大量的、杂乱无章的植被观测数据进行运算分析，得到客观合理的结果，准确揭示生态规律[98]。随着大数据时代的来临，以 R 语言统计软件为代表的新的数据分析方法迅速在生态学和环境科学研究中不断传播与发展，并赢得了广大研究者的青睐。本章通过聚类分析方法（cluster analysis）对青海大通河流域青杆群落进行类型划分，并对其物种组成及类型特征进行定量描述与统计，以期为该区域森林植被管理提供客观合理的依据。

5.2.1 青杆群落总体物种组成

研究区 24 个样地中，共有维管束植物 124 种，隶属于 45 科 97 属。其中蕨类植物 5 科 6 属 7 种；裸子植物 2 科 3 属 4 种；被子植物共 40 科 88 属 113 种，其中双子叶植物 34 科 78 属 102 种，单子叶植物 6 科 10 属 11 种（表 5.1、表 5.2）流域青杆群落的主要组成成分，占当地植物种的 91.13%。

青杆群落中较占优势的科是菊科（Asteraceae）15 属 16 种、蔷薇科（Rosaceae）10 属 15 种，科内含植物种在 10 种以上，这两个科共 25 属 31 种，占研究区内植物种的 25%。含物种 5 ～ 9 种的科：毛茛科（Ranunculaceae）7 属 8 种，忍冬科（Capr-ifoliaceae）2 属 8 种，豆科（Fabaceae）5 属 7 种，共占研究区内植物种的 18.55%。含物种 2 ～ 4 种的科为：蓼科（Polygonaceae）2 属 2 种，列当科（Oroban-chaceae）1 属 2 种，茜草科（Rubiaceae）2 属 3 种，

伞形科（Apiaceae）4 属 4 种，天门冬科（Asparagaceae）2 属 3 种，堇菜科（Violaceae）1 属 3 种，禾本科（Poa-ceae）2 属 2 种，茶藨子科（Grossulariaceae）2 属 2 种，龙胆科（Gentiana-ceae）1 属 2 种，五福花科（Adoxaceae）2 属 2 种，十字花科（Brassicaceae）2 属 2 种，兰科（Orchidaceae）3 属 3 种，桔梗科（Campanulaceae）1 属 2 种，夹竹桃科（Apocynaceae）2 属 2 种，小檗科（Berberidaceae）1 属 2 种，绣球科（Hydrangeaceae）2 属 2 种，杨柳科（Salicaceae）2 属 3 种，桦木科（Betulaceae）2 属 3 种，松科（Pinaceae）2 属 3 种，凤尾蕨科（Pteridaceae）1 属 2 种和水龙骨科（Polypodiaceae）2 属 2 种。共计 40 属 51 种。只含 1 种的科在青海大通河流域青杆群落中也占有一定数量的比例，共 19 种，占植物种的 12.10%，车前科（Plantaginaceae）、杜鹃花科（Ericac-eae）、虎耳草科（Saxifragaceae）、柳叶菜科（Onagraceae）、牻牛儿苗科（Gera-niaceae）、山茱萸科（Cornaceae）、芍药科（Paeoniaceae）、石竹科（Caryophyll-aceae）、鼠李科（Rhamnaceae）、卫矛科（Celastraceae）、五加科（Araliaceae）、榆科（Ulm-aceae）、碗蕨科（Dennstaedtiaceae）、冷蕨科（Cystopteridaceae）和铁角蕨科（Aspleniaceae）、柏科、莎草科、鸭跖草科、石蒜科（表 5.3）。

按照生活型来分，124 种物种中，乔木类型有 8 种，隶属于 4 科 5 属，占 6.45%，其中常绿乔木 2 科 3 属 4 种，落叶乔木 2 科 2 属 4 种；灌木共计 35 种，隶属 15 种 21 属，占 28.23%；草本共计 81 种，隶属 33 科 70 属，占 65.32%。青杆因耐阴、耐寒，多生长于凉爽湿润的生境条件下，因此蕨类植物也占有一定的重要地位，其中优势科为凤尾蕨科和水龙骨科，占本研究区内蕨类物种总数的 57.14%。

表 5.1　青杆林群落调查样方植物名录

Table.5.1　Plant list of sample filed investigation of a forest community of *Picea wilsonii*

序号	科名	属名	种名	拉丁名
1	铁角蕨科	铁角蕨属	虎尾铁角蕨	*Asplenium incisum*
2	冷蕨科	冷蕨属	冷蕨	*Cystopteris fragilis*
3	碗蕨科	蕨属	蕨	*Pteridium aquilinum*
4	水龙骨科	槲蕨属	槲蕨	*Drynaria roosii*
5	水龙骨科	瓦韦属	网眼瓦韦	*Lepisorus clathratus*
6	凤尾蕨科	铁线蕨属	铁线蕨	*Adiantum capillus-veneris*
7	凤尾蕨科	铁线蕨属	掌叶铁线蕨	*Adiantum pedatum*

续表

序号	科名	属名	种名	拉丁名
8	柏科	刺柏属	祁连圆柏	*Juniperus przewalskii*
9	松科	云杉属	青杆	*Picea wilsonii*
10	松科	云杉属	云杉	*Picea asperata*
11	松科	松属	油松	*Pinus tabuliformis*
12	伞形科	羌活属	羌活	*Hansenia weberbaueriana*
13	伞形科	胡萝卜属	野胡萝卜	*Daucus carota*
14	伞形科	变豆菜属	变豆菜	*Sanicula chinensis*
15	伞形科	鸭儿芹属	鸭儿芹	*Cryptotaenia japonica*
16	五加科	五加属	红毛五加	*Eleutherococcus giraldii*
17	石蒜科	葱属	卵叶山葱	*Allium ovalifolium*
18	天门冬科	黄精属	玉竹	*Polygonatum odoratum*
19	天门冬科	黄精属	黄精	*Polygonatum sibiricum*
20	天门冬科	天门冬属	天门冬	*Asparagus cochinchinensis*
21	兰科	小红门兰属	二叶兜被兰	*Neottianthe cucullata*
22	兰科	羊耳蒜属	羊耳蒜	*Liparis campylostalix*
23	兰科	鸟巢兰属	对叶兰	*Neottia puberula*
24	菊科	蟹甲草属	三角叶蟹甲草	*Parasenecio deltophyllus*
25	菊科	蟹甲草属	蛛毛蟹甲草	*Parasenecio roborowskii*
26	菊科	橐吾属	掌叶橐吾	*Ligularia przewalskii*
27	菊科	紫菀属	三脉紫菀	*Aster ageratoides*
28	菊科	紫菀属	紫菀	*Aster*
29	菊科	天名精属	矮天名精	*Carpesium humile*
30	菊科	假还阳参属	假还阳参	*Crepidiastrum lanceolatum*
31	菊科	菊属	小红菊	*Chrysanthemum chanetii*
32	菊科	华蟹甲属	华蟹甲	*Sinacalia tangutica*
33	菊科	蒿属	白莲蒿	*Artemisia gmelinii*
34	菊科	蒲公英属	蒲公英	*Taraxacum mongolicum*
35	菊科	风毛菊属	银背风毛菊	*Saussurea nivea*
36	菊科	阔苞菊属	阔苞菊	*Pluchea indica*
37	菊科	蜂斗菜属	毛裂蜂斗菜	*Petasites tricholobus*
38	菊科	香青属	香青	*Anaphalis sinica*

续表

序号	科名	属名	种名	拉丁名
39	菊科	大丁草属	大丁草	*Leibnitzia anandria*
40	桔梗科	沙参属	沙参	*Adenophora stricta*
41	桔梗科	沙参属	细叶沙参	*Adenophora capillaris*
42	十字花科	碎米荠属	紫花碎米荠	*Cardamine tangutorum*
43	十字花科	豆瓣菜属	豆瓣菜	*Nasturtium officinale*
44	石竹科	石竹属	瞿麦	*Dianthus superbus*
45	蓼科	拳参属	珠芽蓼	*Bistorta vivipara*
46	蓼科	何首乌属	何首乌	*Pleuropterus multiflorus*
47	卫矛科	卫矛属	栓翅卫矛	*Euonymus phellomanus*
48	绣球科	山梅花属	山梅花	*Philadelphus incanus*
49	绣球科	绣球属	东陵绣球	*Hydrangea bretschneideri*
50	五福花科	荚蒾属	蒙古荚蒾	*Viburnum mongolicum*
51	五福花科	五福花属	五福花	*Adoxa moschatellina*
52	忍冬科	忍冬属	唐古特忍冬	*Lonicera tangutica*
53	忍冬科	忍冬属	红脉忍冬	*Lonicera nervosa*
54	忍冬科	忍冬属	金花忍冬	*Lonicera chrysantha*
55	忍冬科	忍冬属	白背忍冬	*Lonicera hypoleuca*
56	忍冬科	忍冬属	葱皮忍冬	*Lonicera ferdinandi*
57	忍冬科	忍冬属	蓝果忍冬	*Lonicera caerulea*
58	忍冬科	忍冬属	小叶忍冬	*Lonicera microphylla*
59	忍冬科	莛子藨属	莛子藨	*Triosteum pinnatifidum*
60	杜鹃花科	鹿蹄草属	鹿蹄草	*Pyrola calliantha*
61	豆科	锦鸡儿属	短叶锦鸡儿	*Caragana brevifolia*
62	豆科	锦鸡儿属	鬼箭锦鸡儿	*Caragana jubata*
63	豆科	大花野豌豆属	歪头菜	*Vicia unijuga*
64	豆科	大花野豌豆属	大花野豌豆	*Vicia bungei*
65	豆科	棘豆属	甘肃棘豆	*Oxytropis kansuensis*
66	豆科	苜蓿属	苜蓿	*Medicago sativa*
67	豆科	野决明属	野决明	*Thermopsis lupinoides*
68	桦木科	桦木属	红桦	*Betula albosinensis*
69	桦木科	桦木属	白桦	*Betula platyphylla*
70	桦木科	虎榛子属	虎榛子	*Ostryopsis davidiana*

续表

序号	科名	属名	种名	拉丁名
71	夹竹桃科	鹅绒藤属	鹅绒藤	*Cynanchum chinense*
72	夹竹桃科	白前属	潮风草	*Vincetoxicum ascyrifolium*
73	龙胆科	花锚属	卵萼花锚	*Halenia elliptica*
74	龙胆科	花锚属	花锚	*Halenia corniculata*
75	茜草科	拉拉藤属	六叶葎	*Galium hoffmeisteri*
76	茜草科	拉拉藤属	北方拉拉藤	*Galium boreale*
77	茜草科	茜草属	茜草	*Rubia cordifolia*
78	牻牛儿苗科	老鹳草属	鼠掌老鹳草	*Geranium sibiricum*
79	列当科	马先蒿属	藓生马先蒿	*Pedicularis muscicola*
80	列当科	马先蒿属	大唇马先蒿	*Pedicularis megalochila*
81	车前科	车前属	车前	*Plantago asiatica*
82	杨柳科	杨属	山杨	*Populus davidiana*
83	杨柳科	杨属	小叶杨	*Populus simonii*
84	杨柳科	柳属	山生柳	*Salix oritrepha*
85	堇菜科	堇菜属	双花堇菜	*Viola biflora*
86	堇菜科	堇菜属	蒙古堇菜	*Viola mongolica*
87	堇菜科	堇菜属	如意草	*Viola arcuata*
88	柳叶菜科	露珠草属	高山露珠草	*Circaea alpina*
89	莎草科	薹草属	薹草	*Carex*
90	禾本科	披碱草属	披碱草	*Elymus dahuricus*
91	禾本科	画眉草属	知风草	*Eragrostis ferruginea*
92	小檗科	小檗属	细叶小檗	*Berberis poiretii*
93	小檗科	小檗属	直穗小檗	*Berberis dasystachya*
94	毛茛科	唐松草属	瓣蕊唐松草	*Thalictrum petaloideum*
95	毛茛科	唐松草属	唐松草	*Thalictrum aquilegiifolium*
96	毛茛科	类叶升麻属	类叶升麻	*Actaea asiatica*
97	毛茛科	短尾铁线莲属	短尾铁线莲	*Clematis brevicaudata*
98	毛茛科	乌头属	高乌头	*Aconitum sinomontanum*
99	毛茛科	银莲花属	草玉梅	*Anemone rivularis*
100	毛茛科	金莲花属	金莲花	*Trollius chinensis*
101	毛茛科	耧斗菜属	耧斗菜	*Aquilegia viridiflora*

续表

序号	科名	属名	种名	拉丁名
102	鼠李科	鼠李属	甘青鼠李	*Rhamnus tangutica*
103	扁刺蔷薇科	金露梅属	银露梅	*Dasiphora glabra*
104	扁刺蔷薇科	扁刺蔷薇属	扁刺蔷薇	*Rosa sweginzowii*
105	扁刺蔷薇科	栒子属	西北栒子	*Cotoneaster zabelii*
106	扁刺蔷薇科	栒子属	灰栒子	*Cotoneaster acutifolius*
107	扁刺蔷薇科	花楸属	陕甘花楸	*Sorbus koehneana*
108	扁刺蔷薇科	绣线菊属	高山绣线菊	*Spiraea alpina*
109	扁刺蔷薇科	绣线菊属	细枝绣线菊	*Spiraea myrtilloides*
110	扁刺蔷薇科	绣线菊属	疏毛绣线菊	*Spiraea hirsuta*
111	扁刺蔷薇科	绣线菊属	华北绣线菊	*Spiraea fritschiana*
112	扁刺蔷薇科	李属	毛樱桃	*Prunus tomentosa*
113	扁刺蔷薇科	李属	山杏	*Prunus sibirica*
114	扁刺蔷薇科	珍珠梅属	珍珠梅	*Sorbaria sorbifolia*
115	蔷薇科	草莓属	东方草莓	*Fragaria orientalis*
116	蔷薇科	悬钩子属	秀丽莓	*Rubus amabilis*
117	蔷薇科	蛇莓属	蛇莓	*Duchesnea indica*
118	榆科	榆属	旱榆	*Ulmus glaucescens*
119	茶藨子科	茶藨子属	青海茶藨子	*Ribes pseudofasciculatum*
120	茶藨子科	茶藨子属	长果茶藨子	*Ribes stenocarpum*
121	芍药科	芍药属	芍药	*Paeonia lactiflora*
122	虎耳草科	金腰属	柔毛金腰	*Chrysosplenium pilosum*
123	鸭跖草科	竹叶子属	竹叶子	*Streptolirion volubile*
124	山茱萸科	山茱萸属	梾木	*Cornus macrophylla*

表 5.2　研究区域青杆群落维管束植物统计表

Table.5.2　Statistical table of *Picea wilsonii* vascular bundle plants in the study area

植物类型 Plant type	科数 Families	属数 Genera	种数 Species	占总物种比例 Percentage (%)
蕨类植物	5	6	7	5.65
裸子植物	2	3	4	3.23
双子叶植物	32	78	102	82.26
单子叶植物	6	10	11	8.87
总计	45	97	124	100.00

表 5.3 研究区域青杆群落物种等级表

Table.5.3 Class table of *Picea wilsonii* community species in the study area

植物类型 Plant type	科数 Families	属数 Genera	种数 Species	占总物种比例 Percentage (%)
＞10 种	2	25	31	25.00%
5～9 种	3	14	23	18.55%
2～4 种	21	39	51	41.13%
1 种	19	19	19	15.32%

5.2.2 青杆群落类型

根据青海大通河流域青杆群落 24 个典型样地内的物种数据，利用基于 R 语言 Ward 层次聚类方法进行聚类分析，将青杆群落划分为 6 种群落类型（图 5.1）。

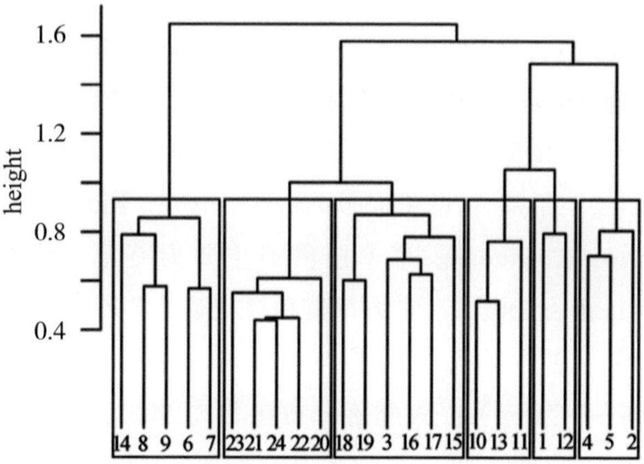

图 5.1 青海大通河流域青杆群落聚类分析图

Fig.5.1 The Cluster analysis of the community of *Picea wilsonii*

以群丛为基本单位采用各层次的优势种命名，将各群落类型命名如下：

1. 群落类型Ⅰ：青杆 + 白桦—唐古特忍冬—薹草（*Picea wilsonii+Betula platyphylla—Lonicera tangutica—Carex*），包括 2、4、5 号样地。

2. 群落类型Ⅱ：青杆 + 红桦—唐古特忍冬—薹草（*Picea wilsonii+Betula albosinensis—Lonicera tangutica—Carex*），包括 6、7、8、9、14 号样地。

3. 群落类型Ⅲ：青杆 + 油松—灰栒子 + 唐古特忍冬—薹草（*Picea wilsonii+Pinus tabuliformis—Cotoneaster acutifolius+Lonicera tangutica—Carex*），包括 10、11、13 号样地。

4. 群落类型Ⅳ：青杆 + 山杨—银露梅—薹草（*Picea wilsonii+Populus davidiana—Dasiphora glabra —Carex*），包括 1、12 号样地。

5. 群落类型Ⅴ：青杆—灰栒子 + 唐古特忍冬—薹草（*Picea wilsonii—Cotoneaster acutifolius+Lonicera tangutica—Carex*）：包括 3、15、16、17、18、19 号样地。

6. 群落类型Ⅵ：青杆—栓翅卫矛—薹草 + 东方草莓（*Picea wilsonii—Euonymus phellomanus—Carex+Fragaria orientalis*）：包括 20、21、22、23、24 号样地。

5.2.3 不同青杆林群落类型分布及物种组成

青杆 + 白桦—唐古特忍冬—薹草（*Picea wilsonii+Betula platyphylla—Lonicera tangutica—Carex*）：该群落分布在海拔 2428 ～ 2500 m 范围内，坡度范围 18 ～ 28，总盖度 65% ～ 75%。共有物种 56 种，乔、灌、草各层物种数分别为 3 种、19 种、34 种。乔木层中优势种为青杆和白桦，主要伴生种为山杨（*Populus davidiana* Dode），乔木层平均高度为 12.28 m，平均 DBH 为 20.1 cm。灌木层主要优势种为唐古特忍冬，主要伴生种为红脉忍冬（*Lonicera nervosa* Maxim.）、直穗小檗（*Berberis dasystachya* Maxim.）和扁刺蔷薇（*Rosa sweginzowii* Koehne）。草本层种类主要为薹草、草玉梅（*Anemone rivularis* Buch.-Ham. ex DC.）、东方草莓和双花堇菜（*Viola biflora* L.）。

青杆 + 红桦—唐古特忍冬—薹草（*Picea wilsonii+Betula albosinensis—Lonicera tangutica*—Carex）：该群落分布在海拔 2400 ～ 2600 m 范围内，坡度范围 30 ～ 37，总盖度 50% ～ 80%。共有物种 73 种，乔、灌、草各层物种数分别为 6 种、19 种、48 种。乔木层优势种为青杆和红桦，主要伴生种为祁连圆柏（*Juniperus przewalskii* Kom.）、青海云杉（*Picea crassifolia* Kom.）、小叶杨（*Populus simonii* Carrière）和白桦，乔木层平均高度为 10.76 m，平均 DBH 为 15.81 cm。灌木层主要优势种为唐古特忍冬，主要伴生种为栓翅卫矛和华北绣线菊（*Spiraea fritschiana* C. K. Schneid.）。草本层种类较多，主要为薹草、蛛毛蟹甲草（*Parasenecio roborowskii* (Maxim.) Y. L. Chen）、冷蕨（*Cystopteris fragilis* (L.) Bernh.）和东方草莓。

青杆 + 油松—灰栒子 + 唐古特忍冬—薹草（*Picea wilsonii+Pinus tabuliformis—Cotoneaster acutifolius+Lonicera tangutica*—Carex）：该群落分布在海拔 2290 ～ 2490 m 范围内，坡度范围 28 ～ 42，总盖度 50%。共有物

种 50 种，乔、灌、草各层物种数分别为 3 种、17 种、30 种。乔木层优势种为青杆和油松，个别样地中零星分布有白桦，乔木层平均高度为 13.79 m，平均 DBH 为 17.55 cm。灌木层主要优势种为灰栒子和唐古特忍冬，主要伴生种为银露梅、小叶忍冬（*Lonicera microphylla* Willd. ex Roem. & Schult.）和西北栒子（*Cotoneaster zabelii* C. K. Schneid.）。草本层主要优势种为薹草、小红菊（*Chrysanthemum chanetii* H. Lév.）和瓣蕊唐松草（*Thalictrum petaloideum* L.）。

青杆 + 山杨—银露梅—薹草（*Picea wilsonii*+*Populus davidiana*—*Dasiphora glabra*—Carex）：该群落分布在海拔 2375 ～ 2471 m 范围内，坡度在 41 左右，总盖度 40% ～ 45%。共有物种 55 种，乔、灌、草各层物种数分别为 5 种、14 种、36 种。乔木层优势种为青杆和山杨，主要伴生种为油松、红桦和白桦，乔木层平均高度为 9.83 m，平均 DBH 为 18.10 cm。灌木层主要优势种为银露梅，主要伴生种为直穗小檗、灰栒子和唐古特忍冬。草本层种类主要为薹草、藓生马先蒿（*Pedicularis muscicola*）和小红菊。

青杆—灰栒子 + 唐古特忍冬—薹草（*Picea wilsonii*—*Cotoneaster acutifolius*+*Lonicera tangutica*—Carex）：该群落分布在海拔 2280 ～ 2620 m 范围内，坡度范围 23 ～ 40，总盖度 50% ～ 60%。共有物种 81 种，乔、灌、草各层物种数分别为 7 种、26 种、48 种。乔木层优势种为青杆，主要伴生种为山杨、油松和红桦，个别样地少量分布有白桦和祁连圆柏，乔木层平均高度为 14.11 m，平均 DBH 为 18.85 cm。灌木层和草本层种类均较多，其中灌木层主要优势种为唐古特忍冬和灰栒子，主要伴生种为银露梅、直穗小檗和扁刺蔷薇。草本层主要为薹草、小红菊和藓生马先蒿。

青杆—栓翅卫矛—薹草 + 东方草莓（*Picea wilsonii*—*Euonymus phellomanus*—Carex+*Fragaria orientalis*）：群落分布在海拔 2375 ～ 2471 m 范围内，坡度范围 20 ～ 45，总盖度 50% ～ 67%。物种共计 55 种，乔、灌、草各层物种数分别为 4 种、11 种、40 种。乔木层优势种为青杆，主要伴生种为油松、红桦和祁连圆柏，乔木层平均高度为 13.40 m，平均 DBH 为 16.15 cm。灌木层主要优势种为栓翅卫矛，主要伴生种为唐古特忍冬和扁刺蔷薇。草本层种类主要为薹草、东方草莓和藓生马先蒿。

表 5.3　不同群落类型物种重要值

Table.5.3　Species importance values of different community types

群落类型 Community Type	乔木层		灌木层		草本层	
	物种 Species	重要值 % Important Value	物种 Species	重要值 % Important Value	物种 Species	重要值 % Important Value
青杆 + 白桦—唐古特忍冬—薹草 *Picea wilsonii* + *Betula platyphylla* —*Lonicera tangutica* —*Carex*	青杆 *Picea wilsonii*	52.50	唐古特忍冬 *Lonicera tangutica.*	20.60	薹草 *Carex*	19.59
	白桦 *Betula platyphylla*	28.75	直穗小檗 *Berberis dasystachya*	15.19	草玉梅 *Anemone rivularis*	8.95
	山杨 *Populus davidiana*	18.73	红脉忍冬 *Lonicera nervosa*	10.78	东方草莓 *Fragaria orientalis*	7.75
	—	—	扁刺蔷薇 *Rosa sweginzowii*	9.90	双花堇菜 *Viola biflora*	8.25
	—	—	栓翅卫矛 *Euonymus phellomanus*	8.94	茜草 *Rubia cordifolia*	6.81
青杆 + 红桦—唐古特忍冬—薹草 *Picea wilsonii* + *Betula albosinensis* —*Lonicera tangutica* —*Carex*	红桦 *Betula albosinensis*	47.43	唐古特忍冬 *Lonicera tangutica*	23.59	薹草 *Carex*	12.45
	青杆 *Picea wilsonii*	37.58	栓翅卫矛 *Euonymus phellomanus*	14.60	冷蕨 *Cystopteris fragilis*	7.67
	祁连圆柏 *Juniperus przewa-lskii*	6.20	华北绣线菊 *Spiraea fritschiana*	12.39	蛛毛蟹甲草 *Parasenecio roborowskii*	6.75
	—	—	陕甘花楸 *Sorbus koehneana*	8.09	东方草莓 *Fragaria orientalis*	6.02
	—	—	扁刺蔷薇 *Rosa sweginzowii*	7.98	短尾铁线莲 *Clematis brevicaudata*	5.47

续表

群落类型 Community Type	乔木层		灌木层		草本层	
	物种 Species	重要值 % Important Value	物种 Species	重要值 % Important Value	物种 Species	重要值 % Important Value
青杆 + 油松—灰栒子 + 唐古特忍冬—薹草 *Picea wilsonii* + *Pinus tabuliformis* —*Cotoneaster acutifolius* + *Lonicera tangutica* —*Carex*	油松 *Pinus tabuliformis*	55.15	灰栒子 *Cotoneaster acutifolius*	43.94	薹草 *Carex*	19.21
	青杆 *Picea wilsonii*	39.10	唐古特忍冬 *Lonicera tangutica*	41.58	小红菊 *Chrysanthemum chanetii*	13.83
	白桦 *Betula platyphylla*	5.80	银露梅 *Dasiphora glabra*	38.95	瓣蕊唐松草 *Thalictrum petaloideum*	9.65
	—	—	小叶忍冬 *Lonicera microphylla*	29.22	玉竹 *Polygonatum odoratum*	9.04
	—	—	西北栒子 *Cotoneaster zabelii*	26.58	槲蕨 *Drynaria roosii*	7.84
青杆 + 山杨—银露梅—薹草 *Picea wilsonii* + *Populus davidiana* —*Dasiphora glabra* —*Carex*	青杆 *Picea wilsonii*	54.93	银露梅 *Dasiphora glabra*	31.33	薹草 *Carex*	20.23
	山杨 *Populus davidiana*	22.80	直穗小檗 *Berberis dasystachya*	16.86	小红菊 *Chrysanthemum chanetii*	11.17
	白桦 *Betula platyphylla*	8.38	灰栒子 *Cotoneaster acutifolius*	15.25	藓生马先蒿 *Pedicularis muscicola*	8.68
	红桦 *Betula albosinensis*	7.46	唐古特忍冬 *Lonicera tangutica*	10.21	双花堇菜 *Viola biflora*	6.32
	油松 *Pinus tabuliformis*	6.44	扁刺蔷薇 *Rosa sweginzowii*	5.01	三脉紫菀 *Aster ageratoides*	5.09

续表

群落类型 Community Type	乔木层		灌木层		草本层	
	物种 Species	重要值 % Important Value	物种 Species	重要值 % Important Value	物种 Species	重要值 % Important Value
青杄—灰栒子 + 唐古特忍冬—薹草 *Picea wilsonii* —*Cotoneaster acutifolius* + *Lonicera tangutica*—*Carex*	青杄 *Picea wilsonii*	68.62	灰栒子 *Cotoneaster acutifolius*	17.95	薹草 *Carex*	23.37
	山杨 *Populus davidiana*	14.16	唐古特忍冬 *Lonicera tangutica*	17.54	藓生马先蒿 *Pedicularis muscicola*	8.22
	油松 *Pinus tabuliformis*	5.02	银露梅 *Dasiphora glabra*	9.44	小红菊 *Chrysanthemum chanetii*	7.24
	—	—	直穗小檗 *Berberis dasystachya*	6.72	瓣蕊唐松草 *Thalictrum petaloideum*	4.94
	—	—	扁刺蔷薇 *Rosa sweginzowii*	5.64	三脉紫菀 *Aster ageratoide*	4.73
青杄—栓翅卫矛—薹草 + 东方草莓 *Picea wilsonii*—*Euonymus phellomanus*—*Carex* + *Fragaria orientalis*	青杄 *Picea wilsonii*	69.22	栓翅卫矛 *Euonymus phellomanus*	37.28	薹草 *Carex*	18.34
	油松 *Pinus tabuliformis*	7.17	唐古特忍冬 *Lonicera tangutica*	25.77	东方草莓 *Fragaria orientalis*	17.09
	祁连圆柏 *Juniperus przewalskii*	6.80	扁刺蔷薇 *Rosa sweginzowii*	8.91	藓生马先蒿 *Pedicularis muscicola*	11.04
	红桦 *Betula albosinensis*	6.80	蒙古荚蒾 *Viburnum mongolicum*	7.20	披碱草 *Elymus dahuricus*	4.68
	—	—	银露梅 *Dasiphora glabra*	5.98	黄精 *Polygonatum sibiricum*	3.82

注：根据群落类型各层次物种重要值高低，表格中仅列出重要值前 1 ～ 5 的物种。

5.2.4 讨论

本文采用 Ward 层次聚类分析方法，将研究区 24 个群落样方划分为 6 种群落类型。采用 Ward 层次聚类方法进行类型划分在以往研究中得到广泛应用 [99-100]，目前国内外应用最广泛的一种数量分类方法为 TWINSPAN。两种分类方法的过程不同，TWINSPAN 是一种自上而下的分类方法，Ward 层次聚类是一种自下而上的系统聚类方法。刘润红等人利用 Ward 聚类分析和双向指示种分析（TWINSPAN）对桂林岩溶石山青岗群落进行划分，两种方法所得出的分类结果高度吻合 [101-102]，用两种不同的方法对青龙河自然保护区群落进行分类，其分类结果具有一致性，但每种群丛所包含的样地具有一定的差异性。由于不同方法其数据算法不同，对物种组成较为复杂的群落分类结果不同也属于正常现象，只要按规定的方法进行就可以得到科学合理的结果。

不同尺度上的各种气候、地形、土壤等生境因子的综合作用决定了植物物种与群落的分布格局。在区域尺度上，气候、植被区系决定特定的植被类型；景观尺度上，如海拔因子，使局部环境的水热条件发生变化，从而导致植被类型发生改变，从而决定植被分布格局；而微生物、土壤养分等决定最终的植被群落类型。本研究中，6 种群落类型均具备各自的物种组成与群落特征，并占据不同的生境。

对于群落的性质，国际上一直都存在着植物群落连续性与间断性的争议。现代生态学研究认为，植物群落是间断性与连续性的辩证统一，植物分类适于揭示群落的间断性，排序能很好的展示群落之间的连续性。通过 Ward 聚类方法将 24 块样地划分为 6 种群落类型，分类结果如青杆—灰栒子 + 唐古特忍冬—薹草、青杆—栓翅卫矛—薹草 + 东方草莓、青杆 + 山杨—银露梅—薹草等，其空间距离间隔和物种组成均表现出较大的差异性，验证了法瑞学派所支持的间断性，反映了植物群落之间的相对独立性。然而在组成各个群落的优势物种中，例如青杆 + 白桦—唐古特忍冬—薹草、青杆 + 红桦—唐古特忍冬—薹草、青杆 + 油松—灰栒子 + 唐古特忍冬—薹草等群落类型，具有较多的共有物种，其物种组成相互渗透，体现了植物群落之间的相似性与连续性。

5.3 青杆林群落结构和多样性

群落结构特征是生态系统功能和过程的基础[103]。种群是组成群落的基本单元，研究种群结构对反映森林群落的生态特征、演替规律和稳定性，阐明生态系统的形成与维持具有重要意义[104]。垂直结构是种群结构的基本特征之一，是指植物群落在垂直空间上的成层现象。树木径级分布是森林种群结构的一种重要表现形式，是最基本的群落特征[85]，通过对林木直径大小分布状态的描述，在一定程度上反映群落的可持续性及群落演替进程[105-106]。在实际研究中，通常用种群的径级结构代替年龄结构，径级结构反映了林木株数在不同胸径范围上的的分布状况。种群高度级结构可用来反映种群个体在垂直结构中的配置、地位和作用[107]。物种多样性是生态系统的重要组成部分，有研究表明，生态系统稳定性与多样性之间存在正相关关系，但具有一定的作用范围。物种多样性是群落结构、组成和功能的重要体现，反映了群落的稳定性和动态变化，同时也反映了群落内生物与非生物环境之间的相互作用。环境因子与多样性的关系已被广泛研究，物种的生物和生态学特性以及群落生境异质性是群落物种多样性维持的基础和关键[108]。本章节对比分析各群落类型垂直结构、径级结构、高度级结构及多样性指数，探究物种多样性的影响因素，从而全面认识该区域群落物种多样性特征及结构组成，以期为揭示该地区青杆群落生长发育规律及预测演替趋势提供基础资料，为青海大通河流域青杆群落多样性维持与保护提供理论依据。

5.3.1 不同群落类型结构特征

5.3.1.1 *群落优势树种垂直结构*

大通河流域青杆群落在垂直方向上层次明显，从自上往下可分为乔木层、灌木层和草本层，未发现层间植物。对不同群落类型各层次生长指标进行比较分析表明，乔木层中（表 5.4），青杆 + 山杨—银露梅—薹草群落乔木层高度最高（14.49 m），青杆 + 白桦—唐古特忍冬—薹草群落最低（10.37 m）；青杆 + 红桦—唐古特忍冬—薹草群落的乔木层胸径最大（20.49 cm）且乔木层密度最小（750 株 /hm^2），青杆—栓翅卫矛—薹草 + 东方草莓群落乔木层胸径最小（16.19 cm）且乔木层密度最大（1245 株 /hm^2）。不同群落类型乔木层高度、胸径与密度均无显著性差异。

表 5.4 不同群落类型乔木层结构参数

Table.5.4 Structural parameters of tree layers in different community types

群落类型 Community type	高度（m） Height（m）	胸径（cm） DBH（cm）	密度（株 /hm^2） Density（Tree/hm^2）
青杆 + 白桦—唐古特忍冬—薹草	10.37 ± 4.04a	17.90 ± 1.49a	987.50 ± 265.17a
青杆 + 红桦—唐古特忍冬—薹草	12.40 ± 1.42a	20.49 ± 5.23a	750.00 ± 90.14a
青杆 + 油松—灰栒子 + 唐古特忍冬—薹草	11.89 ± 1.68a	17.08 ± 0.76a	1050.00 ± 169.56a
青杆 + 山杨—银露梅—薹草	14.49 ± 2.94a	18.50 ± 3.85a	1141.67 ± 464.58a
青杆—灰栒子 + 唐古特忍冬—薹草	14.40 ± 2.77a	19.18 ± 2.29a	858.33 ± 266.77a
青杆—栓翅卫矛—薹草 + 东方草莓	13.26 ± 1.43a	16.19 ± 0.70a	1245.00 ± 213.16a

注：同列不同小写字母表示不同群落类型之间差异显著（$P < 0.05$）；以下均同

不同群落类型灌木层结构差异显著（表 5.5），青杆 + 红桦—唐古特忍冬—薹草群落灌木层高度（67.16 cm）显著高于青杆 + 油松，略高于其余群落，其中青杆—栓翅卫矛—薹草 + 东方草莓群落的灌木层高度最低；青杆 + 红桦—唐古特忍冬—薹草群落灌木层盖度最大（50.80%），略高于青杆—灰栒子 + 唐古特忍冬—薹草群落外，显著高于其余群落，其中青杆—栓翅卫矛—薹草 + 东方草莓群落灌木层盖度最小（12.36%）；青杆 + 红桦—唐古特忍冬—薹草群落灌木层密度最大（3.22 株 /m^2），除略高于青杆 + 油松—灰栒子 + 唐古特忍冬—薹草群落外，显著大于其余群落，其中青杆—栓翅卫矛—薹草 + 东方草莓群落灌木层密度最小（1.46 株 /m^2）。

表 5.5 不同群落类型灌木层结构参数

Table.5.5 Structural parameters of shrub layers in different community types

群落类型 Community type	高度（cm） Height（cm）	盖度（%） Cover（%）	密度（株 /m^2） Density（株 /m^2）
青杆 + 白桦—唐古特忍冬—薹草	52.78 ± 32.01a	23.40 ± 19.56bc	1.86 ± 0.66bc
青杆 + 红桦—唐古特忍冬—薹草	67.16 ± 37.04a	50.80 ± 15.21a	3.22 ± 1.99a
青杆 + 油松—灰栒子 + 唐古特忍冬—薹草	27.72 ± 16.67bc	19.44 ± 18.38bc	2.50 ± 1.23ab
青杆 + 山杨—银露梅—薹草	41.94 ± 13.53ab	17.93 ± 14.52bc	2.12 ± 1.35bc
青杆—灰栒子 + 唐古特忍冬—薹草	61.75 ± 32.65a	33.07 ± 17.47ab	2.11 ± 1.03b
青杆—栓翅卫矛—薹草 + 东方草莓	18.11 ± 18.206c	12.36 ± 9.92c	1.46 ± 1.48c

不同群落类型草本层结构存在显著性差异。由表 5.6 可知，青杆 + 油松—灰栒子 + 唐古特忍冬—薹草群落草本层盖度最大（87.84%），显著大于青杆 + 山杨—银露梅—薹草群落与青杆—灰栒子 + 唐古特忍冬—薹草群落，其中青杆—灰栒子 + 唐古特忍冬—薹草群落草本层盖度最小（54.67%）；草本层密度最大的为青杆—栓翅卫矛—薹草 + 东方草莓群落（127.52 株 /m^2），显著大于青杆 + 油松—灰栒子 + 唐古特忍冬—薹草群落、青杆 + 山杨—银露梅—薹草群落以及青杆—灰栒子 + 唐古特忍冬—薹草群落类型，其中青杆 + 山杨—银露梅—薹草群落草本层密度最小（62.67 株 /m^2）。

表 5.6　不同群落类型草本层结构参数

Table.5.6　Structural parameters of herbage layers in different community types

群落类型 Community type	盖度（%） Cover（%）	密度（株 /m^2） Density（株 /m^2）
青杆 + 白桦—唐古特忍冬—薹草	83.20 ± 19.17ab	100.70 ± 26.52ab
青杆 + 红桦—唐古特忍冬—薹草	83.27 ± 22.15ab	110.93 ± 26.52ab
青杆 + 油松—灰栒子 + 唐古特忍冬—薹草	87.84 ± 28.40a	90.12 ± 34.45b
青杆 + 山杨—银露梅—薹草	55.53 ± 22.68b	62.67 ± 17.58d
青杆—灰栒子 + 唐古特忍冬—薹草	54.67 ± 20.86b	63.50 ± 31.26cd
青杆—栓翅卫矛—薹草 + 东方草莓	78.32 ± 36.68ab	127.52 ± 59.75a

5.3.1.2 群落优势树种径级结构

对胸径 5 cm 以上的优势种划分径级结构，以 4 cm 为一个径阶：5cm ≤D≤ 9 cm 为第Ⅰ径级，9 cm ≤D≤ 13 cm 为第Ⅱ径级，13 cm≤ D≤ 17 cm 为第Ⅲ径级，以此类推。

青杆 + 白桦—唐古特忍冬—薹草群落中，青杆径级结构呈倒“J”形分布，中小径级树种较多，为增长型种群。林木株数主要集中在 5 ~ 9 cm 和 9 ~ 13 cm 径级范围内，共 13 株，占个体总株数的 33.3%，在 5 ~ 9 cm 胸径范围分布最多，为 7 株，占个体总株数的 18%；白桦径级结构呈双峰形结构，两个明显的峰值出现在 5 ~ 9 cm 和 13 ~ 21 cm 径级范围内，株数分别为 9 株和 18 株，分别占个体总株数的 25.70% 和 51.40%。

青杆 + 红桦—唐古特忍冬—薹草群落中，青杆径级结构呈倒“J”形，为增长型种群。中小径级株数分布较多，主要集中在 5 ~ 9 cm、9 ~ 13 cm 和 13 ~ 17 cm 三个胸径范围内，株数共为 58 株，占个体总株数的 61% 以上，其中 5 ~ 9 cm 胸径范围内的小径级木株数最多，为 25 株，占总株数的 26.3%；

红桦径级结构呈近似正态型分布，林木株数主要集中在 9 ～ 13 cm、13 ～ 17 cm 和 17 ～ 21 cm 胸径范围内，分别为 20 株、24 株和 26 株，占个体总株数的 21.5%、25.8% 和 28%，该种群表现为衰退型。

青杄 + 油松—灰栒子 + 唐古特忍冬—薹草群落中，青杄径级结构呈左偏正态型分布，中小径级树种较多，为增长型种群。在 9 ～ 13 cm 胸径范围内出现一个明显峰值，为 21 株，占个体总株数的 35%，且在 29 ～ 33 cm 胸径

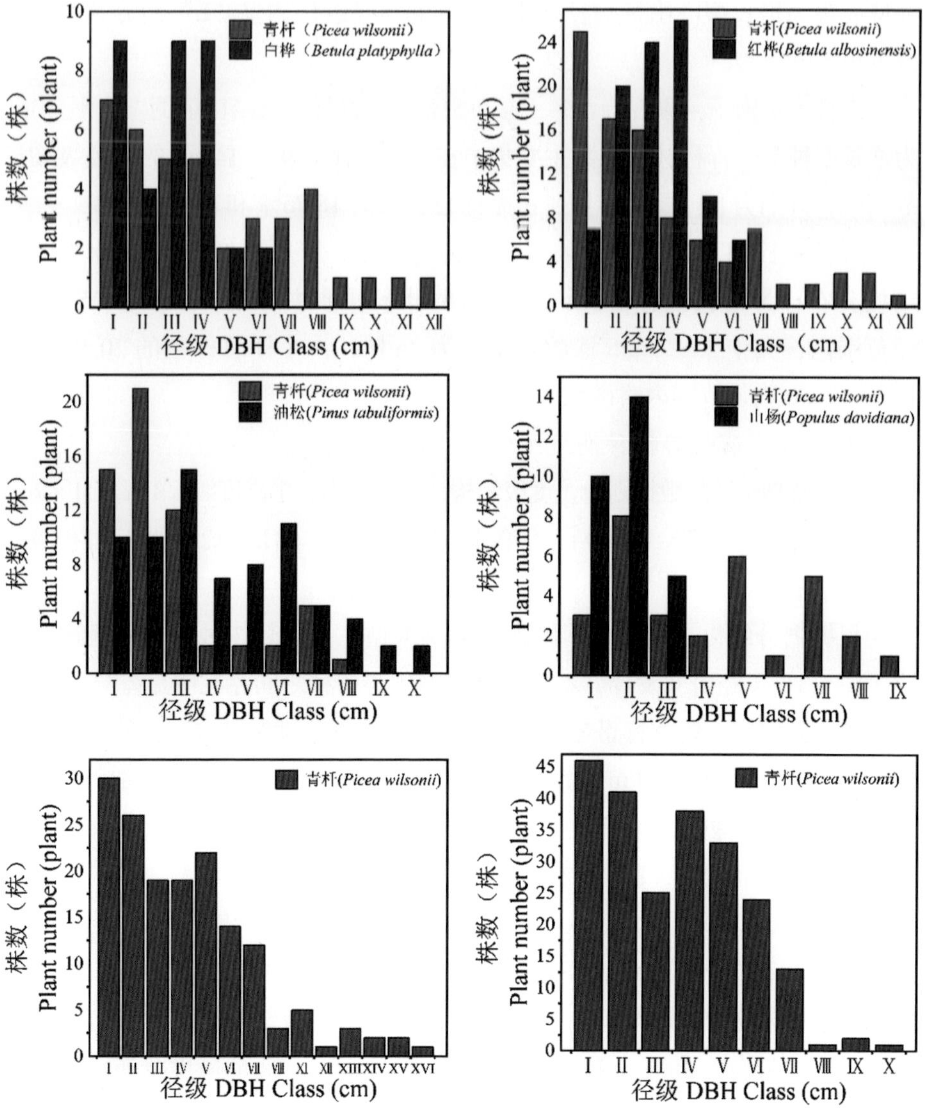

图 5.2 不同群落类型株数与径级分布

Fig.5.2 Distribution of plant number and diameter class of different community types

范围内出现一个小峰，为 5 株，占个体总株数的 8.3%；油松径级结构呈双峰形分布，两个明显峰值出现在 13 ～ 17 cm、23 ～ 29 cm 胸径范围内，分别为 15 株和 11 株，占个体总株数的 20.27% 和 15.00%，该种群表现为衰退型。

青杆 + 山杨—银露梅—薹草群落中，青杆径级结构呈现多个峰值，林木株数主要集中在 9 ～ 13 cm、21 ～ 25 cm 和 33 ～ 37 cm 三个胸径范围内，株数分别为 8 株、6 株和 5 株，占个体总株数的 35.80%、19.40% 和 16.10%，该种群表现为增长型。山杨胸径皆小于 17 cm，径级结构呈"L"型分布，该种群表现为衰退型。

青杆—灰栒子 + 唐古特忍冬—薹草群落中，青杆径级结构呈倒"J"形分布，为增长型种群。青杆林木株数主要集中在 5 ～ 9 cm、9 ～ 14 cm 的小径级胸径范围内，分别为 30 株和 26 株，占个体总株数的 18.75% 和 16.25%。

青杆—栓翅卫矛—薹草 + 东方草莓群落中，青杆径级结构呈倒"J"形结构分布，为增长型种群。该群落类型林木株数主要集中在 5 ～ 25 cm 胸径范围内，其中 5 ～ 9 cm 株数最多，为 46 株，占个体总株数的 20.5%，在 13 ～ 17 cm 胸径范围内略微减少。

5.3.1.3 群落优势树种高度级结构

根据整理统计的数据划分盖度级结构，以 3 m 为一个高度级：3 m ≤H ≤6 m 为第Ⅰ高度级，6 m ≤H ≤9 m 为第Ⅱ高度级，9 m ≤H ≤12 m 为第Ⅲ径级，以此类推。

根据划分结果，对 6 个不同青杆群落类型主要优势树种的高度级进行划分（图 5.3）。经研究发现，不同群落类型优势树种之间存在明显差异。

青杆 + 白桦—唐古特忍冬—薹草群落中，青杆高度级结构呈双峰形分布，在 15 ～ 18 m 及 H ＞ 24 m 高度范围内出现两个峰值，其个体数分别为 9 株和 7 株，占个体总株数 23% 和 18% 左右；白桦高度级结构呈"J"形分布，个体数随高度增加而增加，H ＞ 12 m 数量最多，占个体总株数 34%。

青杆 + 红桦—唐古特忍冬—薹草群落中，青杆高度级结构呈双峰形分布，在 6 ～ 9 m 和 21 ～ 24 m 高度范围内出现两个峰值，其个体数分别为 29 株和 13 株，占个体总株数 30.50% 和 13.70%；红桦高度级结构呈左偏正态分布，林木株数主要分布在 6 ～ 12 m 高度范围内，在 9 ～ 12 m 高度分布最多，为 33 株，占个体总株数 35.50%。

青杆 + 山杨—银露梅—薹草群落中，青杆高度级结构呈双峰形分布，在

6～9 m 和 12～18 m 高度范围内出现两个峰值，林木株数分别为 5 株和 18 株，占个体总株数的 16.00% 和 58%；山杨高度级结构呈“L”形分布，林木高度皆小于 12 m，在 3～9 m 高度范围内分布最多，为 20 株，占个体总株数 70.00%。

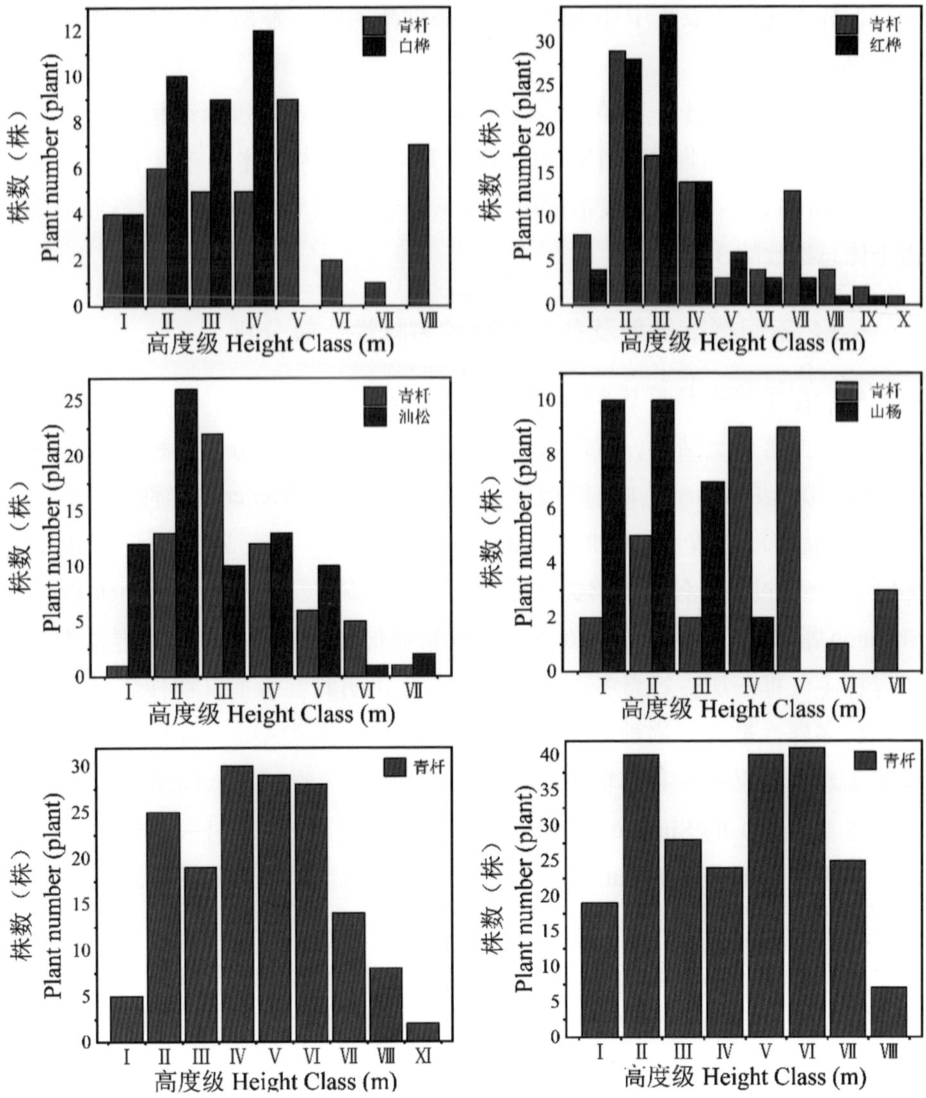

图 5.3 不同群落类型株数与树高分布

Fig.5.3 Distribution of plant number and height of different community types

青杆 + 油松—灰栒子 + 唐古特忍冬—薹草群落中，青杆高度级结构呈近似正态型分布，林木株数在 9～12 m 高度范围内分布最多，为 22 株，占个体总株数的 37.00%；油松高度级结构呈左偏正态分布，林木株数在 9～12 m 高度范围内分布最多，为 26 株，占个体总株数的 35.00%，在 15 ～ 18 m 高度范围内出现一个小高峰，为 13 株，占个体总株数 17.60%。

青杆—灰栒子 + 唐古特忍冬—薹草群落中，青杆高度级结构呈左偏正态分布，林木株数主要集中在 12 ～ 21 m 高度范围内，为 87 株，占个体总株数 54.00%。

青杆—栓翅卫矛—薹草 + 东方草莓群落中，青杆高度级结构呈双峰形分布，在 6 ～ 9 m 出现第一个峰值，株数为 40 株，占个体总株数 17.90%，在 15 ～ 18 m 和 18 ～ 21 m 高度范围内出现第二个峰值，株数分别为 40 株和 41 株，占个体总株数的 36.00%。

5.3.2 不同群落类型及各层次物种多样性比较分析

5.3.2.1 不同青杆群落间物种多样性比较

根据群落分类结果，青海大通河流域青杆群落共划分出 6 种群落类型。不同群落类型的 Patrick 丰富度指数（*R*）、Shannon—Wiener 多样性指数（*H*）、Simpson 优势度指数（*D*）和 Pielou 均匀度指数（*J*）如表 5.7 所示，变化如图 5.4 所示。通过分析各个群落类型的物种多样性指数发现，其中 Patrick 指数、Shannon 指数、Simpson 指数以及 Pielou 指数最高的群落类型均为群落类型 2（青杆 + 红桦—唐古特忍冬—薹草群落），说明此群落不仅物种数目最多，且物种多样性最高，物种分布最均匀；其次为群落类型 3（青杆 + 油松—灰栒子 + 唐古特忍冬—薹草群落）；除群落类型 5（青杆—灰栒子 + 唐古特忍冬—薹草群落）的 Simpson 指数最低外，群落类型 6（青杆—栓翅卫矛—薹草 + 东方草莓群落）的 Patrick 指数、Shannon 指数和 Pielou 指数均低于其余群落类型。

所划分出的 6 种群落类型中，各群落之间 Simpson 指数与 Pielou 指数数值相近且均无显著性差异；群落类型 2、群落类型 3 以及群落类型 5 的 Patrick 指数均显著高于群落类型 6，差异极显著；群落类型 1 以及群落类型 3 的 Shannon 指数大于群落类型 6，差异显著。综合图 5.4 和表 5.7 可以发现，Patrick 指数与 Shannon 指数的变化趋势基本一致，这是因为 Shannon 指数的决定性因素之一是丰富度指数。

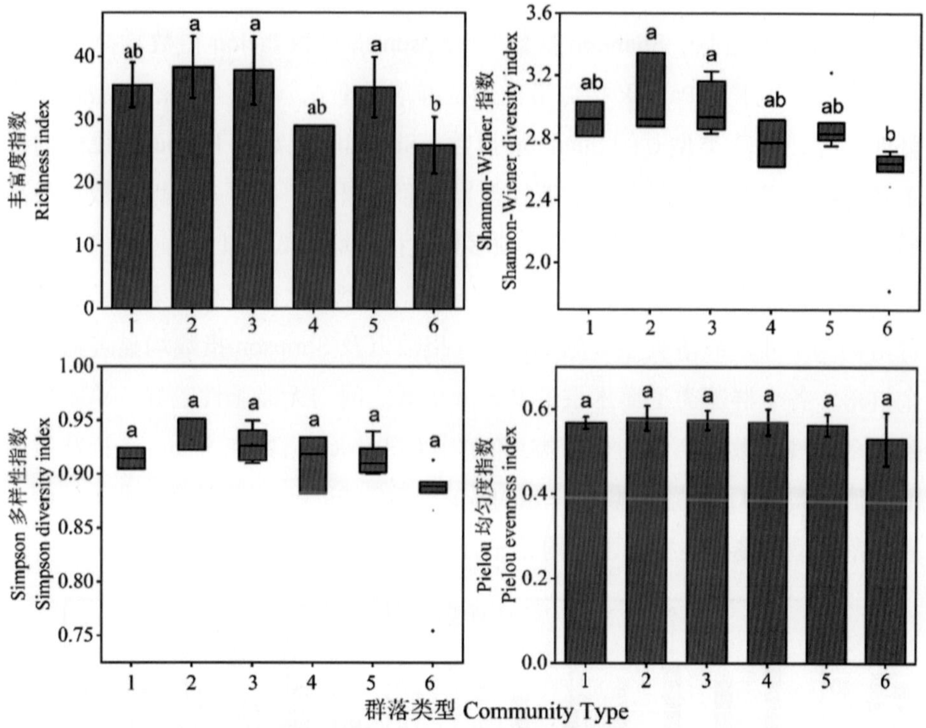

图 5.4 不同群落类型物种多样性指数

Fig.5.4 Species diversity index of different community types

注：不同小写字母表示不同群落类型之间多样性指数差异显著（$P < 0.05$）；1. 青杆 + 白桦—唐古特忍冬—薹草群落（*Picea wilsonii+Betula platyphylla—Lonicera tangutica—Carex*）；2. 青杆 + 红桦—唐古特忍冬—薹草群落（*Picea wilsonii+Betula albosinensis Lonicera tangutica—Carex*）；3. 青杆 + 油松—灰栒子 + 唐古特忍冬—薹草群落（*Picea wilsonii + Pinus tabuliformis—Cotoneaster acutifolius + Lonicera tangutica —Carex*）；4. 青杆 + 山杨—银露梅—薹草群落（*Picea wilsonii + Populus davidiana—Dasiphora glabra —Carex*）；5. 青杆—灰栒子 + 唐古特忍冬—薹草群落（*Picea wilsonii—Cotoneaster acutifolius+Lonicera tangutica—Carex*）；6. 青杆—栓翅卫矛—薹草 + 东方草莓群落（*Picea wilsonii–Euonymus phellomanus–Carex+Fragaria orientalis*）；以下均同。

5.3.2.2 不同青杆群落各层次间物种多样性比较

由表 5.7 和图 5.5 可以看出，6 个群落类型的 Patrick 指数、Shannon 指数和 Simpson 指数的大小顺序均表现为草本层＞灌木层＞乔木层，除群落类型 4 和群落类型 5 的 Pielou 指数表现为灌木层＞草本层＞乔木层外，其余群落类型的 Pielou 指数均表现为草本层＞灌木层＞乔木层。

对比6个群落类型中乔、灌、草三层的多样性指数，乔木层中，群落类型Ⅰ的Patrick指数、Shannon指数、Simpson指数和Pielou指数均高于其他群落类型。乔木层Patrick指数最低的是群落类型6，与其余群落类型存在显著性差异，群落类型6的Shannon指数、Simpson指数和Pielou指数也均低于其他群落类型，且存在极显著性差异。灌木层中，各项多样性指数均最高的为群落类型2，群落类型6的各项多样性指数均最低，其中群落类型2、群落类型3和群落类型5的Patrick指数与群落类型6之间存在显著性差异，除群落类型1外，群落类型6的Shannon指数以及Simpson指数均显著低于其余群落。各个群落类型灌木层的Pielou指数之间均无显著性差异。草本层中各项多样性指数最高的为群落类型3，其中Patrick指数和Shannon指数最低的为群落类型4，群落类型6的Simpson指数和Pielou指数最低。草本层中，各群落类型的多样性指数之间均无显著性差异。

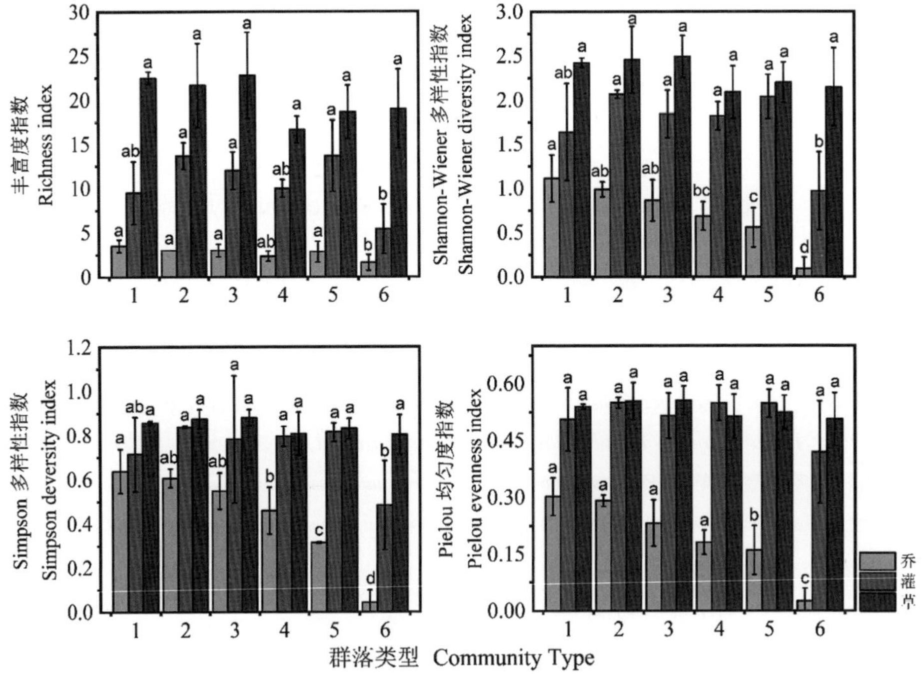

图5.5 不同群落类型各层次物种多样性指数

Fig.5.5 Species diversity index of different community types at different lenels

表 5.7 青海大通河流域青杆群落多样性比较

Table.5.7 Comparison of community diversity of Picea wilsonii in Datong River basin, Qinghai

群落类型 Community type		丰富度指数 Richness index	多样性指数 Shannon-Wiener index	优势度指数 Simpson index	均匀度指数 Pielou index
青杆 + 白桦—唐古特忍冬—薹草 Picea wilsonii + Betula platyphylla -Populus davidiana -Carex	总	35.503.54ab	2.92 ± 0.16ab	0.910.01a	0.570.01a
	乔	3.50 ± 0.71a	1.11 ± 0.26a	0.64 ± 0.10a	0.30 ± 0.05a
	灌	9.503.54ab	1.640.55ab	0.720.17ab	0.510.08a
	草	22.500.71a	2.420.05a	0.860.01a	0.540.01a
青杆 + 红桦—唐古特忍冬—薹草 Picea wilsonii + Betula albosinensisl-Lonicera tangutica -Carex	总	38.334.93a	3.05 ± 0.26a	0.930.02a	0.580.03a
	乔	3.00 ± 0.00a	0.99 ± 0.08ab	0.61 ± 0.04ab	0.29 ± 0.02a
	灌	13.671.53a	2.070.05a	0.840.01a	0.550.01a
	草	21.674.73a	2.460.38a	0.870.04a	0.550.05a
青杆 + 油松—灰栒子 + 唐古特忍冬—薹草 Picea wilsonii + Pinus tabuliformis -Cotoneaster acutifolius + Lonicera tangutica -Carex	总	37.805.40a	3.00 ± 0.18a	0.930.02a	0.570.02a
	乔	3.00 ± 0.71a	0.86 ± 0.23ab	0.55 ± 0.08ab	0.23 ± 0.06a
	灌	12.002.12a	1.840.27a	0.780.69a	0.520.06a
	草	22.804.87a	2.490.24a	0.880.04a	0.560.04a

续表

群落类型 Community type		丰富度指数 Richness index	多样性指数 Shannon-Wiener index	优势度指数 Simpson index	均匀度指数 Pielou index
青杆 + 山杨—银露梅—薹草 Picea wilsonii + Populus davidiana -Dasiphora glabra-Carex	总	29.000.00ab	2.77 ± 0.15ab	0.910.03a	0.570.03a
	乔	2.33 ± 0.58ab	0.69 ± 0.16bc	0.46 ± 0.11b	0.18 ± 0.03a
	灌	10.001.00ab	1.820.16a	0.800.05a	0.550.05a
	草	16.671.53a	2.090.30a	0.810.10a	0.510.06a
青杆—灰栒子 + 唐古特忍冬—薹草 Picea wilsonii -Cotoneaster acutifolius + Lonicera tangutica -Carex	总	35.174.79a	2.89 ± 0.17ab	0.910.02a	0.570.03a
	乔	2.83 ± 1.17a	0.56 ± 0.22c	0.31 ± 0.11c	0.16 ± 0.07b
	灌	13.674.03a	2.040.25a	0.810.04a	0.550.04a
	草	18.673.01a	2.200.23a	0.830.05a	0.520.05a
青杆—栓翅卫矛—薹草 + 东方草莓 Picea wilsonii —Euonymus phellomanus —Carex + Fragaria orientalis	总	26.004.47b	2.49 ± 0.38b	0.910.06a	0.560.06a
	乔	1.60 ± 0.89b	0.09 ± 0.13d	0.04 ± 0.06d	0.03 ± 0.03c
	灌	5.402.79b	0.970.44b	0.480.20b	0.420.14a
	草	19.004.47a	2.150.44a	0.800.09a	0.510.07a

注：同列不同小写字母表示不同群落之间多样性指数差异显著（$P < 0.05$）。

5.3.3 环境因子与群落物种多样性的关系

由图 5.6 可知，群落总体多样性指数与林分密度呈显著负相关（$r=-0.427$，$P<0.05$），与灌木盖度呈显著正相关（$r=0.432$），与草本盖度呈极显著负相关（$r=-0.572$）。群落各层物种多样性指数与环境因子相关关系中，乔木层物种多样性指数与 SOC 呈显著正相关（$r=0.504$，$P<0.05$），与 TN 与 AN 呈极显著正相关（TN：$r=0.557$；AN：$r=0.559$），与 SAP 呈极显著负相关（$r=-0.585$）；灌木层物种多样性指数与 SAP 和林分密度呈极显著负相关（SAP：$r=-0.763$；林分密度：$r=-0.583$）；草本层物种多样性指数与 SOC 呈显著正相关（$r=0.423$），与草本盖度呈显著负相关（$r=-0.483$）。

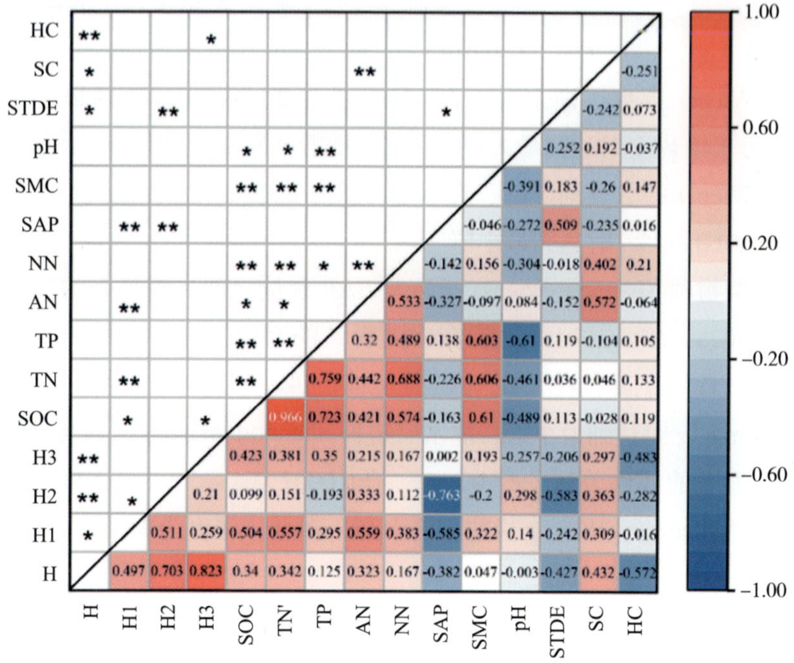

图 5.6　群落物种多样性与环境因子相关性热图

Fig.5.6　Correlation heat map between community species diversity and environmental factors

对具有显著相关性的多样性指数和环境因子进行回归模型拟合，如图 5.7。分析可知，群落总体物种 Shannon–Wiener 指数与林分密度以及灌木盖度之间具有显著的线性关系（林分密度：$R^2=0.1454$，$P=0.037$；灌木盖度：$R^2=0.1497$，$P=0.035$），随着林分密度的增加，群落总体 Shannon–Wiener 指数显著下降，在林分密度为 1675 株 /hm^2 时达到最小值，相反，随着灌木盖度的增加，群落总体物种 Shannon–Wiener 指数显著上升，在灌木盖度为 53.8% 时达到最大值；群落总体物种 Shannon–Wiener 指数与草本盖度之间具有显著的二项式关系（R^2=0.4673，P＜0.001），随着草本盖度的上升，群落总体物种 Shannon–Wiener 指数逐渐下降，在草本盖度为 8.34% 时达到最大值，在草本盖度 12.79% 时达到最小值。

乔木层物种 Shannon–Wiener 指数与 SOC 和 SAP 之间具有显著的线性关系（SOC：R^2=0.2207，P=0.0119；SAP：R^2=0.3111，P=0.0027），随着 SOC 含量的上升，乔木层物种 Shannon–Wiener 指数显著上升，在 SOC 含量为 90.04 g/kg 时达到最大值，相反，随着 SAP 含量的增加，乔木层物种 Shannon–Wiener 指数显著下降，在 SAP 含量为 13.6 mg/kg 时达到最小值；乔木层物种 Shannon–Wiener 指数与 TN 和 AN 之间具有显著的二项式关系（TN：R^2=0.2535，P=0.0179；AN：R^2=0.2694，P=0.0143），随着 TN 含量的增加，乔木层物种 Shannon–Wiener 指数逐渐上升，在 TN 含量为 2.15 g/kg 时达到最小值，在 TN 含量为 3.49 g/kg 时达到最大值；反之，随着 AN 含量的上升，乔木层物种 Shannon–Wiener 指数逐渐下降，在 AN 含量为 1.52 mg/kg 时达到最大值，在 AN 含量为 0.6 mg/kg 时达到最小值。

灌木层物种 Shannon–Wiener 指数与 SAP 含量之间具有显著的二项式关系（R^2=0.5678，P＜0.001），随着 SAP 含量的增加，灌木层物种 Shannon–Wiener 指数逐渐下降，在 SAP 含量为 4.34 mg/kg 时达到最大值，在 SAP 含量为 13.6 mg/kg 时达到最小值；灌木层物种 Shannon–Wiener 指数与林分密度之间具有显著的线性关系（R^2=0.3115，P=0.0027），随着林分密度的增加，灌木层物种 Shannon–Wiener 指数显著下降，在林分密度为 1375 株 /hm^2 时达到最小值。

草本层物种 Shannon–Wiener 指数与草本盖度之间具有显著的指函数关系（R^2=0.2581，P=0.0167），随着草本盖度的增加，草本层物种 Shannon–Wiener 指数明显下降；草本层物种 Shannon–Wiener 指数与 SOC 含量之间具有显著的线性关系（R^2=0.1422，P=0.0391），随着 SOC 含量的增加，草本层物种 Shannon–Wiener 指数显著上升，在 SOC 含量为 79.1 g/kg 时达到最大值。

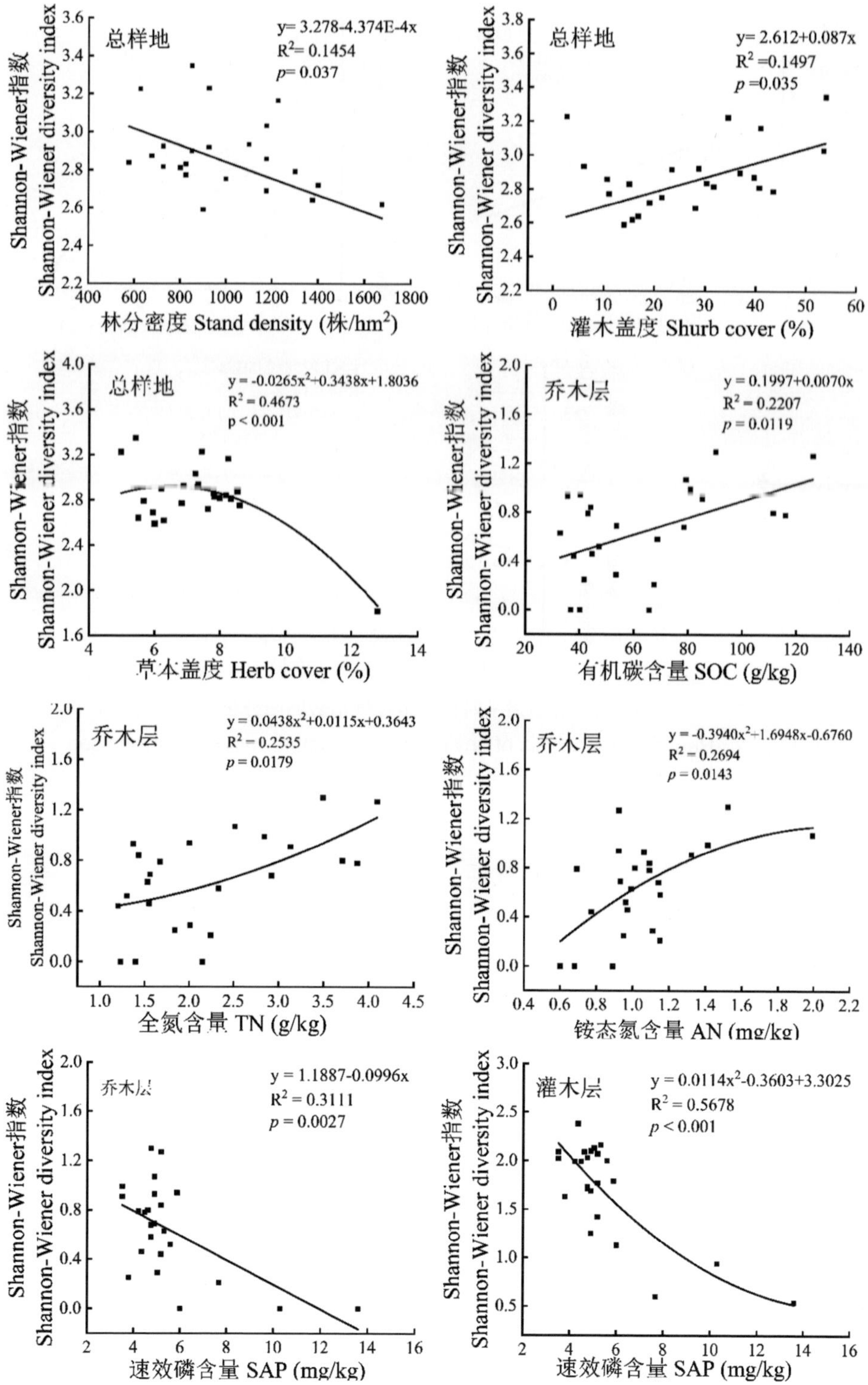
总样地
y= 3.278-4.374E-4x
R2= 0.1454
p= 0.037
Shannon-Wiener指数
Shannon-Wiener diversity index
林分密度 Stand density (株/hm2)
总样地
y= 2.612+0.087x
R2 =0.1497
p =0.035
灌木盖度 Shurb cover (%)
总样地
y = -0.0265x2+0.3438x+1.8036
R2 = 0.4673
p < 0.001
草本盖度 Herb cover (%)
乔木层
y = 0.1997+0.0070x
R2 = 0.2207
p = 0.0119
有机碳含量 SOC (g/kg)
乔木层
y = 0.0438x2+0.0115x+0.3643
R2 = 0.2535
p = 0.0179
全氮含量 TN (g/kg)
乔木层
y = -0.3940x2+1.6948x-0.6760
R2 = 0.2694
p = 0.0143
铵态氮含量 AN (mg/kg)
乔木层
y = 1.1887-0.0996x
R2 = 0.3111
p = 0.0027
速效磷含量 SAP (mg/kg)
灌木层
y = 0.0114x2-0.3603+3.3025
R2 = 0.5678
p < 0.001
速效磷含量 SAP (mg/kg)

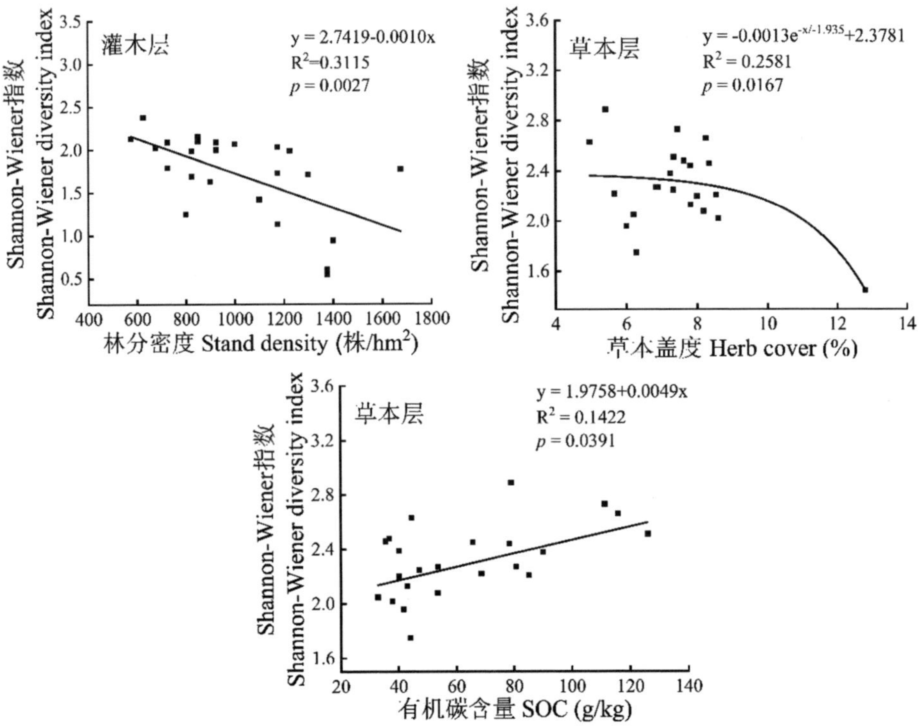

图 5.7 环境因子对物种多样性指数回归分析

Fig.5.7 Regression analysis of environmenrtal factors with diversity indices

5.3.4 讨论

5.3.4.1 不同群落类型结构特征

植物群落的垂直结构取决于各层次植物种的高度及数量特征 [109]。该区青杆林群落垂直结构可划分为乔木层、灌木层和草本层三层，未发现层间植物，但陈思对华北地区青杆群落层次结构的研究中均发现层间植物伴生 [110]，有研究发现，层间植物的生长与湿度呈正相关 [111]，青海属高原大陆性气候，且针叶林生境较干旱，不适合藤本和附生植物生长。通过研究不同群落类型各层次数量特征可以发现，乔木层高度和胸径成正比，除乔木层生长特征之外，不同群落灌木层及草本层结构特征均存在显著差异。青杆＋红桦—唐古特忍冬—薹草群落灌木层高度、盖度和密度均最大，其草本层盖度和密度也仅次于最大的群落类型，该群落类型林下灌草物种丰富，群落稳定性程度高，可能是因为该群落类型乔木层密度最小，增加了林下光照，间接影响土壤温度及湿度，为林下植物生存繁衍提供了有利环境。

对不同青杆群落主要优势树种径级结构进行分析，发现其具有明显差异。青杆＋白桦—唐古特忍冬—薹草群落、青杆＋红桦—唐古特忍冬—薹草群落、青杆—灰栒子＋唐古特忍冬—薹草和青杆—栓翅卫矛—薹草＋东方草莓中，青杆树种径级结构呈倒“J”形分布，种群个体集中于小径级，说明以上群落类型青杆树种的更新速度大于成树的死亡速度，天然更新状况良好，整个种群表现出较为稳定的增长态势[112-113]。青杆＋油松—灰栒子＋唐古特忍冬—薹草群落青杆树种径级结构呈左偏态分布，林木个体集中于小径级和中径级，该群落青杆树种更新潜力较大且处于快速增长阶段。青杆＋山杨—银露梅—薹草群落中，青杆树种径级呈多峰形结构分布，在小径级、中径级和较大径级中均有分布，种群个体具有较高的稳定性。青杆＋白桦—唐古特忍冬—薹草群落中，白桦树种径级呈双峰型结构分布，同样表现出双峰型结构的有青杆＋油松—灰栒子＋唐古特忍冬—薹草群落中油松径级，随着演替过程的进行，该物种的种群规模可能会减少[114]。青杆＋红桦—唐古特忍冬—薹草群落中红桦径级呈正态型结构分布，小径级个体和大径级个体相当，更新潜力不足，随着演替过程的进行，群落该物种的种群规模将呈衰退趋势[115]。青杆＋山杨—银露梅—薹草群落中，山杨树种径级结构呈“L”型分布，种群株数仅集中于小径级，更新速度大于成树的死亡速度，但不具备长成大树的能力[91]。可以发现，不同群落类型中，白桦、红桦、油松和山杨等阳性树种与青杆进行混交，更新潜力不足，而不同群落类型青杆树种均处于快速增长阶段，可能因为在青杆生长初期，阳性树种作为先锋树种在该地区定居并主导了森林结构，其个体数目主要分布在较大的径级中[116]，随着演替进行以及青杆个体的生长，晚演替树种及耐阴树种逐渐生长并覆盖冠层，阳性树种逐渐退出群落。

5.3.4.2 不同群落类型物种多样性

研究发现，不同群落类型物种多样性具有显著差异。青杆为耐阴树种，对比不同群落类型生境，青杆＋红桦—唐古特忍冬—薹草群落位于下坡位，所处生境凉爽湿润，坡度平缓，水热条件较好，良好的生境条件可满足不同种类植物共存[117]，且该群落为混交林，群落结构复杂，生境趋于异质复杂化，这里植物对资源利用更充分[118]，因此该群落各项多样性指数均最高，物种分布丰富。青杆—栓翅卫矛—薹草＋东方草莓群落处在河道或山道一侧，人为干扰相对较多，坡度较陡，水土流失较为严重，且青杆为单优势种，群落结构简单，受乔木层影响形成单一胁迫，灌草层物种数量相比混交林减少，因此该群落类型各项多样性指数均为最低。可以发现，造成以上结果的原因可能是生境异质性，生境异质性是维持群落物种多样性重要原因[119-120]。范得芳等研究发现土层厚度是锐齿栎群落物种多样性的主要影响因素[121]；干扰也在生物多样性维持机制中起到重要作用[122]；坡度间差异会对土壤水分的流失与积聚产生显著影响[123]。且群落特征与物种多样性之间的耦合关系也是森林管理的基础，不同群落结构特征对物种多样性影响不同[118]、[124]。

同一植物群落各层次物种多样性具有显著差异。研究发现，乔木层多样性指数明显低于灌木层和草本层，与冉潇关于松栎混交林物种多样性研究结果一致[125]。由于乔木层植物主要集中在几个种，而灌草层分布比较均匀，与其统计的面积也相关[126]。灌草作为林下植物，在维持群落物种多样性等方面发挥着重要作用[127]，乔木层冠层结构的差异会造成林下光照环境异质性从而限制林下植物生长发育，光照与空间的差异也间接影响林地内部及周围环境的土壤温度及湿度[128-130]，造成林下植物多样性。有研究认为草本层受两个层影响，具有更高的环境异质性，因此草本层多样性分布更为复杂[131]。丰富度指数和均匀度指数对 Shannon 指数具有共同影响作用，但丰富度对 Shannon 指数的影响是决定性的[132]。乔木层 Shannon 指数显著低于灌木层和草本层，因为乔木层是以青杆为主要建群树种的单优势或多优势种群落，其物种丰富度明显低于灌草层。灌木层和草本层 Shannon 指数的差距相对于 Patrick 指数有所减少，可能因为其均匀度指数的变化趋势整体相近，减小了两者之间的差距。Pielou 指数是群落实测多样性与最大多样性的比值[133]，与物种间个体的差异程度成反比，物种间的差异越大 Pielou 指数越小。乔木层 Pielou 指数最低可能是因为该层的物种数目最少，且主要建群树种间的重要值差别不大。

5.3.4.3 群落物种多样性影响因素

林分密度可以通过直接影响林分郁闭度而对林下光照、水热、土壤等生态条件产生间接影响。根据前人研究发现，物种多样性对林分密度逐渐增加的响应方式主要有非同步性、单调递减和先增加后减少的单峰响应格局[134-140]。本研究发现，群落总体物种多样性以及灌木层多样性指数随着林分密度的增加，物种多样性显著下降。该结果与 Peng 以及吴多洋等人研究结果相一致。林分密度较低时，林相整齐且林下光照充足，土壤等营养资源较为丰富，随着林分密度增加，林木可利用资源减少，且通过改变林分内光照、温湿度、土壤营养元素的分配等微环境条件，从而限制林下植物种类和数量。有学者研究发现，随着林分密度增加，灌草植物呈现阳生—中生—阴生过渡的变化规律。相比于草本层，灌木层对林分密度的响应差异性更大，邹扬等对高寒区青海云杉人工林研究发现，灌木层多样性对林分密度变化更敏感[134]，可能因为灌木对环境条件要求更高[136]。Francesco 等研究发现群落物种多样性由灌木盖度直接驱动[141]。范得芳对华山松－红桦混交林研究发现，草本层物种多样性与灌木盖度呈显著正相关[121]，陈玉婷等研究发现，栓皮栎群落物种多样性与灌木盖度显著正相关[142]。有关研究表明，群落物种多样性与灌草盖度呈负相关，研究区域地形、植株物种特性的不同均会引起结果不同。本研究中，群落总体和草本层物种多样性指数与草本盖度之间具有显著负相关关系，可能因为不同生境下适应性强的优势草本生长旺盛，其个体数和总盖度增加，激烈的种间竞争和有限资源的抢占，阻碍了其他物种定居，草本多样性降低。

土壤有机质可反映土壤肥力状况，对植物生长发育及其多样性起着关键作用[143]。张林等对侧柏林下草本研究发现，土壤有机质是影响其物种多样性的主导因子[144]。本研究中，乔木层物种多样性与草本层物种多样性与有机碳含量均呈显著正相关，与以上研究结果相同。氮元素和磷元素是植物生长发育过程中必需的大量营养元素。土壤中全氮含量对物种构成具有决定性作用[145]。Strengbom 等研究发现，森林群落中生物量与多样性随着氮含量的增加而急剧上升[146]，与本研究结果相同，因此在全氮含量较高的土壤中，物种多样性也相对较高，而速效磷含量对乔木层和灌木层物种多样性存在显著负相关关系，可能因为土壤有效磷含量与有机质呈正相关，研究区气候湿冷土壤微生物活性减弱，凋落物不易分解，不及时为土壤提供大量的有机质，土壤表层磷素不能得到及时补充[147]，同时磷在 pH5.5 ～ 7 范围内有效性最大，该林区土壤偏弱碱性，导致林区有效磷含量低，限制了该地区的物种发育。

5.4 青杆林群落更新

森林天然更新是森林生态系统得以繁衍和演替的手段，影响未来森林群落结构及生物多样性[148]。近年来，国内外学者对森林更新进行广泛研究，主要包括乔木更新层物种组成、数量特征、结构特征[149]、空间分布格局及影响因素[150]等。而群落天然更新与环境因子关系复杂，天然更新受到自身生态学特性，森林结构，种内、种间竞争，环境梯度及干扰等因素综合影响[151]；但每个因子在各个阶段低于或超过最适临界值便会成为更新的阻碍。天然更新是森林得以生存和演替的关键，林内生境条件包括光照、地形、土壤养分、凋落物等均对幼苗生长具有重要影响作用。研究群落林下更新主要影响因素对森林群落稳定性以及预测群落演替方向具有重要意义。本章节采用更新密度、平均高度与平均地径 3 个更新指标分别反映各群落类型幼苗幼树的数量特征及生长状况[152–153]，通过探讨天然更新与环境因子关系，提出该区域青杆更新促进技术，以期为该地区进一步研究森林群落未来结构和演替方向以及幼苗更新管理提供理论依据。

5.4.1 不同群落类型幼苗幼树更新特征

5.4.1.1 幼苗幼树更新密度

对比分析 6 种群落类型幼苗幼树更新密度，如图 5.8 所示。结果表明：6 种青杆群落类型中，青杆—栓翅卫矛—薹草 + 东方草莓群落下青杆幼苗更新密度（87480 株 /hm^2）显著高于其余群落类型，其余群落类型之间青杆幼苗更新密度依次为 4500 株 /hm^2、12600 株 /hm^2、14250 株 /hm^2、2167 株 /hm^2 和 3667 株 /hm^2，且不具有显著性差异。同样，油松幼苗更新密度在不同群落类型中均具有显著性差异，更新密度从大到小依次为：青杆 + 油松—灰栒子 + 唐古特忍冬—薹草群落（19167 株 /hm^2）＞青杆 + 山杨—银露梅—薹草群落（14750 株 /hm^2）＞青杆 + 红桦—唐古特忍冬—薹草群落

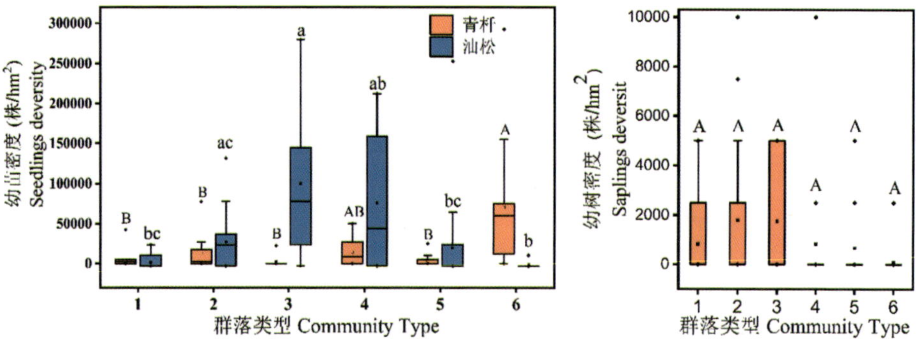

图 5.8　不同群落类型幼苗幼树更新密度

Fig.5.8　Regeneration density of seedlings and saplings in different community types

注：箱型图上方不同大写字母表示不同群落类型青杆幼苗幼树更新密度差异显著（$P < 0.05$）；不同小写字母表示不同群落类型油松幼苗幼树更新密度差异显著（$P < 0.05$）；以下相同。

（8900 株 /hm²）> 青杆—灰栒子 + 唐古特忍冬—薹草群落（4250 株 /hm²）> 青杆 + 白桦—唐古特忍冬—薹草群落（833 株 /hm²）> 青杆—栓翅卫矛—薹草 + 东方草莓群落（300 株 /hm²）。6 种群落类型中均没有油松幼树。青杆—栓翅卫矛—薹草 + 东方草莓群落青杆幼树（100 株 /hm²）和油松幼苗更新密度均未超过 500 株 /hm²，更新情况较差。不同群落类型中青杆幼树更新密度无显著性差异。

5.4.1.2 幼苗幼树地径差异

对比分析 6 种群落类型幼苗幼树平均地径，如图 5.9 所示。结果表明：青杆 + 山杨—银露梅—薹草群落下青杆幼苗平均地径（7.90 cm）显著高于青杆 + 油松—灰栒子 + 唐古特忍冬—薹草群落（1.91 cm）和青杆—灰栒子 + 唐古特忍冬—薹草群落（1.45 cm），其余群落类型之间青杆幼苗平均地径无显著差异。对比分析不同群落类型油松幼苗平均地径，青杆 + 油松—灰栒子 + 唐古特忍冬—薹草群落下地径（0.55 cm）显著高于青杆 + 白桦—唐古特忍冬—薹草群落（0.38 cm）、青杆—灰栒子 + 唐古特忍冬—薹草群落（0.40 cm）和青杆—栓翅卫矛—薹草 + 东方草莓群落（0.06 cm）。不同群落类型青杆幼树平均地径均无显著性差异。

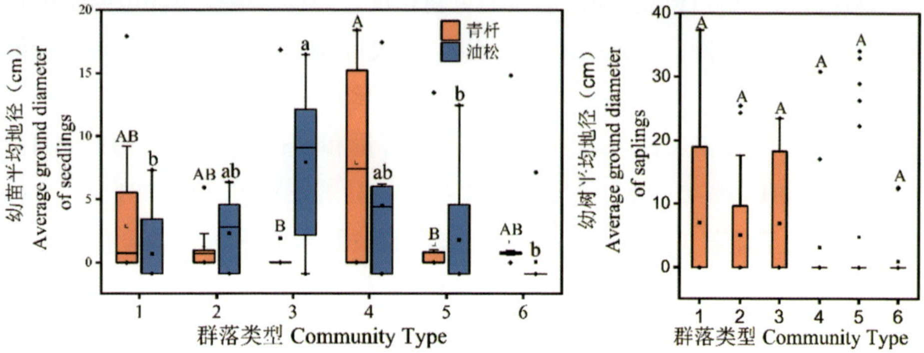

图 5.9 不同群落类型幼苗幼树平均地径

Fig.5.9 Mean ground diameters of seedlings and saplings in different community types

5.4.1.3 幼苗幼树高度差异

对比分析 6 种群落类型幼苗幼树平均高度，如图 5.10 所示。结果表明：不同群落类型中青杆幼苗平均高度均无显著性差异，从大到小依次为：青杆 + 山杨—银露梅—薹草（37.19 cm）> 青杆 + 油松—灰栒子 + 唐古特忍冬—薹草（21.74 cm）> 青杆 + 白桦—唐古特忍冬—薹草群落（17.26 cm）> 青杆—栓翅卫矛—薹草 + 东方草莓（10.94 cm）> 青杆—灰栒子 + 唐古特忍冬—

薹草（8.97 cm）＞青杆 + 红桦—唐古特忍冬—薹草群落（8.02 cm）。同样，在青杆 + 山杨—灰栒子 + 唐古特忍冬—薹草群落、青杆 + 红桦—唐古特忍冬—薹草群落和青杆 + 油松—灰栒子 + 唐古特忍冬群落中，油松幼苗平均高度显著高于其余群落类型。不同群落类型中，青杆幼树平均高度无显著性差异。

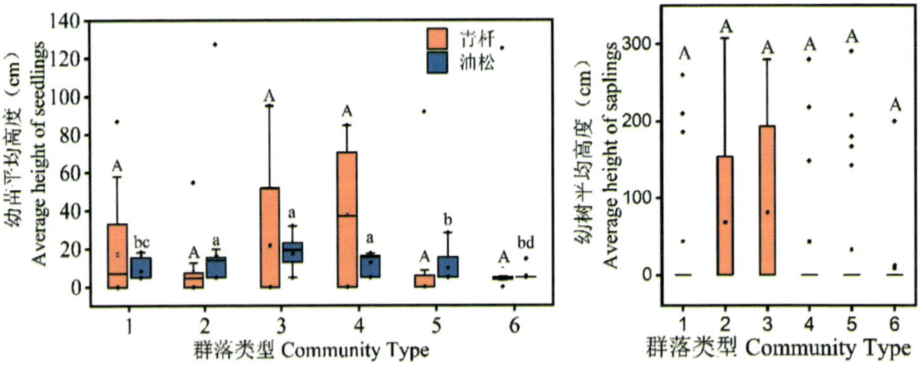

图 5.10　不同群落类型幼苗幼树平均高度

Fig.5.10　Average height of seedlings and saplings in different community types

5.4.2 环境因子与乔木更新的关系

对群落林下青杆更新幼苗幼树的更新密度、高度、地径与环境因子进行 Pearson 相关性分析，分析结果见表 5.8。由表可知，更新幼苗幼树数量特征与环境因子之间具有较少的显著相关性。其中幼树密度以及幼苗高度与环境因子之间无显著相关性。幼苗密度与 AN 含量和 pH 呈显著负相关（AN：r=−0.422；pH：r=−0.428），与 SAP 含量呈极显著正相关（r=0.801），与林分密度之间呈显著正相关（r=0.473）；幼苗基径与 AN 和灌木盖度呈显著正相关（AN：r=0.441；灌木盖度：r=0.449）；幼树基径与 SAP 呈显著负相关（r=−0.425）；幼树高度与 SAP 呈显著负相关（r=−0.501）。

表 5.8　环境因子与更新苗生长的相关性分析

Table.5.8　Correlation analysis of soil nutrients and seeding growth

环境因子 Environmental factor	密度 Density		平均地径 Average groung diameter		平均高度 Average height	
	幼苗 Seedlings	幼树 Saplings	幼苗 Seedlings	幼树 Saplings	幼苗 Seedlings	幼树 Saplings
SOC	-0.201	0.172	-0.045	0.171	-0.075	0.304
TN	-0.234	0.211	0.02	0.197	-0.044	0.34
TP	0.134	-0.05	-0.092	-0.136	-0.14	0.022

续表

环境因子 Environmental factor	密度 Density		平均地径 Average groung diameter		平均高度 Average height	
	幼苗 Seedlings	幼树 Saplings	幼苗 Seedlings	幼树 Saplings	幼苗 Seedlings	幼树 Saplings
AN	-0.422*	-0.012	0.441*	0.255	0.356	0.279
NN	-0.047	0.191	0.277	0.238	0.166	0.331
SAP	0.801**	-0.353	-0.228	-0.425*	-0.297	-0.501*
SMC	-0.006	0.027	-0.102	-0.128	-0.198	-0.046
pH	-0.482*	-0.008	0.387	0.09	0.345	-0.105
STDE	0.473*	0.04	0.124	-0.05	0.058	-0.101
SC	-0.172	0.027	0.449*	0.356	0.278	0.273
HC	-0.117	0.087	-0.136	-0.023	-0.163	0.033

5.4.3 讨论

5.4.3.1 不同群落类型更新特征

植物更新过程中，幼树形成比较重要，而木本植物幼苗对整个森林生态系统而言却是一个潜在的更新储备库[154]。本研究中，从不同群落幼苗幼树更新数量特征和生长状况来看，各群落更新密度均较大，更新状况良好，总体幼苗数量占更新层木本植物数量的96.3%，丰富的幼苗库可为群落的更新演替提供有利的保障，种群具有继续扩大的趋势。调查中，林下幼苗主要以实生苗为主，反映了群落处于活跃的演替阶段。自然环境下，种子源和种子数量一定程度上决定了大多数针叶林的天然更新质量[155-156]，但其更新在很大程度上也取决于林下生境以及植物发育的反馈效应[157]。

实际调查发现，种群的死亡高峰出现在幼树期，青杆林下幼苗与幼树在某一年龄段上幼苗严重缺失，出现断层现象，这一现象与Herrera等的研究结果相一致[158]。尤其在青杆＋油松—灰栒子＋唐古特忍冬—薹草群落、青杆—灰栒子＋唐古特忍冬—薹草群落以及青杆—栓翅卫矛—薹草＋东方草莓群落中，几乎没有青杆幼树，可能是该群落类型林分密度较大，群落乔木层优势种平均高度和胸径较高，加大了林木间的竞争作用，对林下养分和生长空间的争夺变强，且林下光照不足，间接影响土壤温度和湿度，养分和生境的限制，导致幼苗很难成长为幼树。另一个原因可能是研究地所处海拔较高，温度低，且青杆生长在阴坡与半阴坡的湿冷生境下，地上凋落物很难分解，尤其在林分密度较高的纯林中，大部分种子萌发在厚重的凋落物层中，幼苗品质欠佳，悬空的种子根系难以接触土壤，使其难以获得生长所需的营养物质[159]，且研究区冬季较长且寒冷，品质较差的幼苗难以安全越冬，绝大多数幼苗在越冬时具有高损失率。多数情况下，林下幼苗更新与光照强度之间具有较强的关联性，一般森林顶级种的幼苗相比于先锋树种的幼苗更能忍受较荫蔽的环境[160]。同样，油松更新仅存在于幼苗阶段，各个群落类型中均没有出现油松幼树，这与张希彪等的研究结果相似[161]，可能是由于幼龄期的油松幼苗可耐荫庇，而随着树龄的增大，油松的耐阴性减弱，逐渐表现出对光照需求增加的阳性树种特性，由于所处林分密度较大以及生境的限制，大部分油松幼苗因缺少光照而死亡，因此很难长成成树。说明在青杆群落中，幼苗到幼树的生长过程中存在一定的更新障碍[162]。实际调查中发现，有的群落中不具备油松母树，但存在大量油松幼苗，不排除动物取食或风力传播在油松种子的散布和更新过程中扮演重要作用。

在调查区域中极少发现有桦树类或山杨的更新苗，原因与上述杨、桦为先锋树种一致，湿冷的阴坡生境不适于阳性树种幼苗的生长发育，任坚毅等对太白山红桦种子萌发特性研究发现，红桦种子萌发的关键影响因素是温度，且研究区冬季长，种子脱落后很快就面临严冬，即使当年成熟并萌发，也很难顺利越冬；凋落物的覆盖会使种子成为“静止种子”[163]。朱雅婷研究发现，荫蔽的林下生境和凋落物的覆盖均不利于白桦幼苗的存活与生长[164]，较大的幼苗库并不能保证群落有良好的更新，群落乔木层物种能否顺利进入主林层并完成更新的关键，主要取决于幼树阶段的生长状况，但这并不影响青杆种群的更新，充足的幼苗数量能够维持青杆种群的稳定，其余群落类型最后可能演替成青杆纯林。白桦、红桦均是先锋树种、阳性树种，在林下很难更新，包括山杨，这些树种的更新均在裸地最好。

5.4.3.2 *群落天然更新影响因素*

研究发现，青杆幼苗更新密度与林分密度存在显著正相关关系，随着林分密度增加，林下幼苗更新也呈现出增长趋势，该结论与王杰等的研究结果相似[165]，与孙敬然的研究结果相反[166]，可能是因为其所研究的麻栎为阳性树种，高林分密度下的弱光照对阳性树种存活具有显著抑制作用。低密度林分下，一些喜光速生灌草会迅速占据有利空间，抢占林下光照、土壤养分等资源，对林下更新产生影响，且林下光照辐射增强，不利于青杆偏阴性种子

萌发和幼苗生长 [167]，而较高的林分密度会增加种子数量，丰富的种子库更有利于促进天然林更新，加之青杆幼苗生长需要一定庇荫，高林分密度可形成高郁闭度，为幼苗生长创造良好的荫蔽环境。有研究发现，高密度林分下林下植被稀疏，种间压力减少，更有利于幼苗生存生长 [168]，但随着林分密度逐渐增加会加剧种内种间竞争，有限的养分和生态位不利于更新苗存活。大部分研究发现，中密度林分下更有利于更新苗生长 [169-170]，但幼树高度和地径却与林分密度之间存在负相关关系，一方面可能是由于幼树树冠较大，对光照和养分资源需求逐渐增加，高密度林分下光照减弱，过高的林分密度不利于幼树进行光合作用 [171]；另一方面幼树更新密度随着林分密度增加而增加，加剧了种间、种内竞争，幼树生长受到有限的营养空间限制，不利于地径和高度的生长，而幼苗高度和地径对林分密度的响应较弱可能是因为实际调查中该阶段幼苗基本为 1 ～ 4 年生，对营养空间的需求较小，且由于青杆树种本身为耐阴树种的生态学特性，从而微环境改变不足以引起幼苗的生存对策选择。

土壤氮素是植物需求量最大的营养元素，也是幼苗生长最常见的限制因素之一 [172]。本研究中，土壤硝态氮抑制着青杆幼苗幼树的更新密度，但对其高度和地径具有正相关作用，可能因为氮素直接或间接影响着植物光合作用 [173],促进了植物更新个体高生长和径生长,而形成的种内竞争会使植物产生“自疏”现象。研究中，幼苗密度与 pH 呈显著负相关，说明青杆适合在微酸性土壤中生存；幼苗密度与有效磷之间具有极显著正相关关系，而幼树密度与有效磷之间呈负相关，可能因为植物在不同发育阶段对营养元素在选择和吸收上反映不同 [174]，同时说明磷含量不足可能会对青杆幼苗更新数量产生一定抑制作用。而有效磷含量与幼树基径和幼树高度具有显著负相关关系，可能因为磷影响氮的代谢，过量的磷会降低氮同化 [159]，影响更新个体生长。同时牛西午等对柠条苗期添加磷研究发现，过量的磷对植物的生长发育会产生一定的抑制作用 [175]。灌草也是更新的重要影响因素之一 [176]，在幼苗幼树生长过程中，一直存在与灌草层营养竞争现象。灌木盖度和草本盖度对胖大海幼苗幼树更新密度具有综合影响作用,随着盖度增加更新密度单调下降。本研究中,灌木盖度与幼苗基径达到显著正相关关系，可能是因为一方面灌木下空间为更新幼苗提供了一定荫蔽，另一方面数量的减少有利于更新个体生长。

5.5 小结

本研究通过划分青海大通河流域青杆群落类型，对比分析不同群落类型下物种组成、群落类型、物种多样性、垂直结构、径级结构、更新特征，研究青杆群落物种多样性和更新特征与环境因子关系，探讨青杆群落物种多样性与更新特征对环境因子的响应，并结合更新特征的影响因素，提出该区域促进青杆林更新维持的具体建议。主要结论如下：

（1）青海大通河流域青杆林群落共计维管束植物 124 种，隶属于 45 科 97 属。其中蕨类植物 5 科 6 属 7 种；裸子植物 2 科 3 属 4 种；双子叶植物 34 科 78 属 102 种；单子叶植物 6 科 10 属 11 种。乔木 4 科 5 属 8 种，占 6.45%；灌木 15 种 21 属 35 种，占 28.23%；草本 33 科 70 属 81 种，占 65.32%。维管束植物科的组成结构中，含有 2 ～ 4 种物种的占比最多，其次为含有物种数 10 种以上的科，区域单种科最少。乔木层和灌木层种类较少，草本层种类较多。该区域菊科与蔷薇科占优势地位。

（2）聚类结果表明，24 个青杆林样方划分为 6 种群落类型：青杆 + 白桦—唐古特忍冬—薹草群落（Picea wilsonii + Betula platyphylla —Lonicera tangutica —Carex）、青杆 + 红桦—唐古特忍冬—薹草群落（Picea wilsonii + Betula albosinensis —Lonicera tangutica —Carex）、青杆 + 油松—灰栒子 + 唐古特忍冬—薹草群落（Picea wilsonii + Pinus tabuliformis —Cotoneaster acutifolius + Lonicera tangutic —Carex）、青杆 + 山杨—银露梅—薹草（Picea wilsonii + Populus davidiana —Dasiphora glabra —Carex）、青杆—灰栒子 + 唐古特忍冬—薹草群落（Picea wilsonii —Cotoneaster acutifolius + Lonicera tangutica —Carex）、青杆—栓翅卫矛—薹草 + 东方草莓群落（Picea wilsonii —Euonymus phellomanus —Carex + Fragaria orientalis）。

（3）该区域青杆群落在垂直方向上层次明显，从上往下可分为乔木层、灌木层和草本层，未发现层间植物。不同群落类型中乔木层长势较为均匀，无明显区别，各层次密度大小规律一致，均表现为草本层＞灌木层＞乔木层。各群落类型中青杆径级分布大多呈倒“J”结构、左偏正态或多峰形结构，种群发展为稳定性；各群落类型中与青杆进行混交的红桦、白桦、油松和山杨树种，其径级大多呈双峰形、近似正态型或“L”型结构分布，更新潜力不足，种群发展为衰退型。各群落类型中青杆树高分布大多呈双峰型、近似正态型和左偏正态型结构，其他树种则大多呈倒“J”型或左偏正态型分布。

（4）不同类型群落物种多样性分析结果表明：青杆＋红桦—唐古特忍冬—薹草群落的Patrick指数、Shannon指数、Simpson指数以及Pielou指数均最高；Simpson指数最低的是青杆—灰栒子＋唐古特忍冬—薹草群落；青杆—栓翅卫矛—薹草＋东方草莓群落的Patrick指数、Shannon指数和Pielou指数均低于其余群落类型。就各层次之间多样性指数而言，6个群落类型的Patrick指数、Shannon指数和Simpson指数的大小顺序均表现为草本层＞灌木层＞乔木层，青杆＋油松—灰栒子＋唐古特忍冬群落和青杆—灰栒子＋唐古特忍冬—薹草群落的Pielou指数表现为灌木层＞草本层＞乔木层；其余群落类型的Pielou指数均表现为草本层＞灌木层＞乔木层。

（5）林分密度、灌草盖度显著影响群落总体物种多样性。土壤有机碳、全氮、氨态氮以及速效磷含量显著影响乔木层物种多样性；速效磷含量以及林分密度显著影响灌木层物种多样性；有机碳含量以及草本盖度对草本层物种多样性具有显著影响作用。群落总体物种多样性与林分密度和灌木盖度表现为线性拟合，与草本盖度表现为二项式拟合；乔木层物种多样性指数与有机碳和速效磷含量表现为线性拟合，与全氮和氨态氮表现为二项式拟合；灌木层物种多样性指数与林分密度表现为线性拟合，与速效磷表现为二项式拟合；草本层物种多样性指数与有机碳含量均表现为线性拟合，与草本盖度表现为指数拟合。青海大通河流域青杆群落在垂直方向上分为乔木层、灌木层、草本层三个层次，无层间植物；不同群落类型乔木层长势较为均匀，无明显区别，乔灌草各层次密度均表现为草本层＞灌木层＞乔木层；灌木层平均高度与平均盖度呈正相关。

（6）青杆是青海大通河流域青杆林的主要建群种，白桦、红桦、油松和山杨是其共优势种。对该区域青杆林群落优势种径级结构研究表明，青杆种群属于增长型种群，白桦、红桦、油松和山杨等均为衰退型种群。随着演替的进行，该区域会形成以青杆为单优树种的顶级群落。

（7）该区域青杆林群落各类型物种多样性存在显著差异。乔、灌、草三个层次物种Patrick丰富度指数、Shannon–Wiener多样性指数、Simpson优势度指数和Pielou均匀度指数具有显著差异，表现为草本层＞灌木层＞乔木层。林分密度、灌草盖度、有机碳含量、全氮含量、铵态氮含量及速效磷含量是影响青杆林群落物种多样性的关键因子。

（8）该区域青杆林群落具有丰富青杆幼苗库，幼苗与幼树存在转化障碍，幼树不足和发育不良；其余优势树种存在更新障碍。不同群落类型青杆幼苗更新密度差异显著。铵态氮含量、速效磷含量和 pH 为影响青杆林群落更新的关键因子。

6 大通河流域青杆林空间结构特征

森林是以木本植物为主体的生物群落，是陆地生态系统的主体，具有重要的经济、社会和生态价值。根据第八次全国森林资源调查，我国的森林资源状况呈现出“总量增加、结构优化、质量提升、效益明显、多元经营”的变化趋势，但仍然存在着森林生产低下，生态功能脆弱，生态系统稳定性差等问题。二十大指明了生态保护修复与生态文明建设新方向，“提升生态系统多样性、稳定性、持续性”，需要加大生态系统的保护力度，持续优化生态环境质量。我们应贯彻落实可持续发展的生态价值观，科学经营，精准提升，发挥森林的最大生态效益。

林分结构研究是经营森林的理论基础，代表了林木个体在林分中的分布情况，是对林分发展过程如更新方式、竞争、自稀疏和经历的干扰活动的综合反映。林分结构可分为非空间结构和空间结构，非空间结构包括胸径、树高和树种组成等方面，空间结构包括林木空间分布格局、竞争和混交三个方面[177]。深入解释森林群落的树木组成和结构，对天然林保护、监测、管理和人工林的近自然经营等都具有重要意义[178]。

森林中物种不同组成及其在空间分布的不同格局构成了森林的空间结构，而这些空间结构特征的变化会对森林的功能、演替产生重要影响[179-180]。林分空间结构是各种生态过程经过长时间的复杂作用综合形成的，是森林经营与管理过程中的重要因素，综合反映了林分的竞争态势、更新能力及其干扰情况，决定了林分的稳定性、发展的可能性和经营空间的大小，直接关系到森林群落的稳定性。林分空间结构能对森林结构进行量化描述，为森林经营提供理论依据，属于森林经营过程中便于人工调控的因子之一[181]。

6.1 研究方法

6.1.1 径级组划分

本研究测量胸径大于等于 5 cm 的乔木，采用上限排外法以 2 cm 为间距划分径阶，根据《国家森林资源连续清查技术规定》（国家林业局森林资源管理司 2003）相关规定，将 $DBH < 13$ cm 的林木作为小径木，13 cm $\leqslant DBH < 25$ cm 为中径木，$DBH \geqslant 25$ cm 的作为大径木，$DBH \geqslant 37$ cm 的作为特大径木，由于特大径木株数较少，统计时归入大径木组计算。

6.1.1 非空间结构参数

树高、直径结构是林分结构中最基础的结构，是决定林分经营措施的基础，本研究以 2 cm 为间距划分径级，统计各径级内林木的分布株数，绘制树高、直径分布直方图。

偏度（SK）和峰度（ST）可以用来描述直径分布与树高分布特征，$SK < 0$ 时分布曲线呈右偏；$SK=0$ 时分布曲线与正态分布偏度相同；$SK > 0$ 时分布曲线呈左偏，计算公式为：

$$SK = \frac{n}{(n-1)(n-2)}\sum_{i=1}^{n}\left(\frac{x_i-\bar{x}}{s}\right)^3 \qquad (6\text{–}1)$$

$ST > 0$ 表示分布频度比正态分布更集中，曲线呈尖峰状；$ST < 0$ 时表示分布频度比正态分布更分散，曲线呈平顶峰，计算公式为：

$$ST = \frac{n}{(n-1)(n-2)(n-3)}\sum_{i=1}^{n}\left(\frac{x_i-\bar{x}}{s}\right)^4 - \frac{3(n-1)^2}{(n-2)(n-3)} \qquad (6\text{–}2)$$

变异系数（CV）是直径标准差与算术平均直径的比值，用来描述直径分布的离散程度，其值越大，直径分布的离散程度越大，计算公式为：

$$CV = \frac{s}{\bar{x}} \qquad (6\text{–}3)$$

式中，n 为林分中林木株数；x_i 为每木胸径；$\bar{x}$为林分中平均胸径；s 为标准差。

6.1.2 空间结构参数

（1）林木水平分布格局是最重要的森林结构变量，阐述了林木在水平地面上的分布形式，是森林系统的主要组织形式，也是森林结构的主要表现形式。

角尺度（W）用来判定林木水平空间分布格局，被定义为 α 角小于标准角 α_0（72°）的个数在最近相邻木株数中所占的比例，用公式表示为：

$$W_i = \frac{1}{4}\sum_{j=1}^{4} Z_{ij} \tag{6-4}$$

式中，Z_{ij}为离散型变量，当第 j 个 $\alpha < \alpha_0$ 时，$Z_{ij}=1$；反之，$W_i=0$ 的五种取值 0.00、0.25、0.50、0.75、1.00 分别对应很不均匀、不均匀、随机、均匀、很均匀分布。$W < 0.475$ 为均匀分布，$0.475 \leqslant W \leqslant 0.517$ 为随机分布格局，$W > 0.517$ 为团状分布格局。

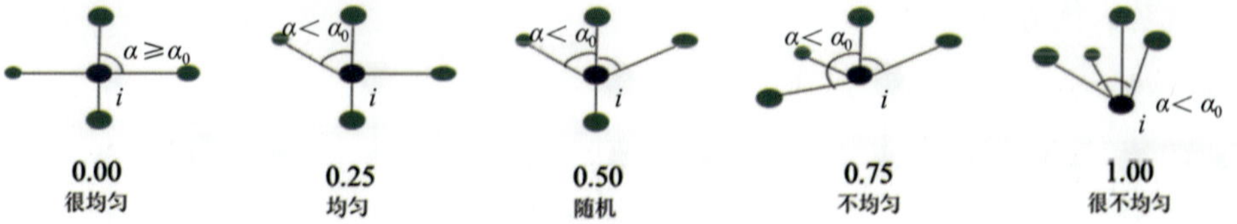

图 6.1　林木水平分布示意图

（2）林学上的混交比只能表达出某一树种在混交林中的占比，不能够表述出单株林木的隔离程度。惠刚盈等将混交度引入国内，并展开相关研究[182]。

混交度（M）用来描述林分内树种的空间隔离程度，被定义为参照树的 4 株最近相邻木中和参照树不是同种的株数所占的比例，用公式表示为：

$$M_i = \sum_{j=1}^{4} V_{ij} \tag{6-5}$$

式中，V_{ij} 为离散变量，当参照树 i 与第 j 株相邻木非同种时，$V_{ij}=1$；反之，$V_{ij}=0$。M_i 的 5 种取值 0.00、0.25、0.50、0.75、1.00 分别对应零度、弱度、中度、强度、极强度混交。

图 6.2　林木混交度图

（3）大小比数以林木个体树干粗细、高低以及树冠大小为指标，表征林木的大小分化程度。大小比数由大小分化度进一步发展而来，惠刚盈等提出了大小比数，定义为最近4棵相邻树中大于参照树所占的比例，多以胸径来比较，明确定义了参照树在该结构单元中所处的生态位[183]。

大小比数（U）用来表达林木大小的差异程度，被定义为大于参照树的相邻木株数占所考察的4株最近相邻木的比例，用公式表示为：

$$U_i = \sum_{j=1}^{4} K_{ij} \tag{6-6}$$

式中，K_{ij}为离散变量，当相邻木j的胸径比参照树i小时，K_{ij}=0；反之，K_{ij}=1的5种取值0.00、0.25、0.50、0.75、1.00分别对应绝对劣势、劣势、中庸、亚优势、优势。

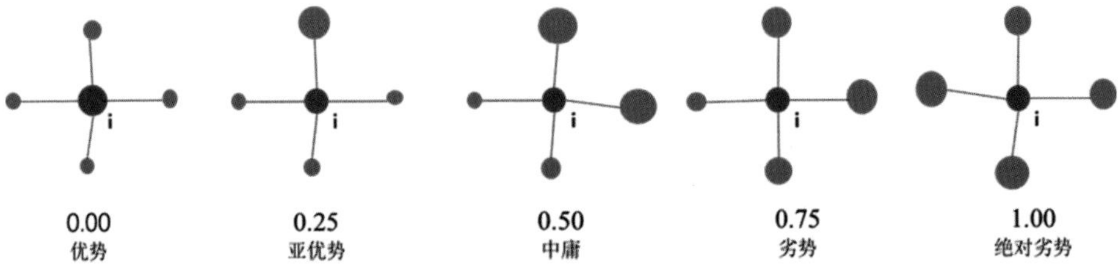

图6.3　林木优势大小比数图

6.1.3 林分空间结构指数

（1）基于柯布道格拉斯生产函数构建了与距离有关的林分空间结构指数（FSSI），能够作为定量描述不同林分空间结构状态和变化程度的综合指标[184]。用公式表示为：

$$FSSI = \begin{cases} [M \times (1-U) \times 2W]^{0.3333}, W \leqslant 0.5 \\ [M \times (1-U) \times 2(1-W)]^{0.3333}, W > 0.5 \end{cases} \tag{6-7}$$

式中：$0 \leqslant M$、U、$W \leqslant 1$、$0 \leqslant FSSI \leqslant 1$其值越大，林分空间结构越优。

（2）林分空间结构距离（$FSSD$）定义为在$FSSI$的“3D散点图”中，不同林分条件下林分空间结构点、理想结构点逼近或远离的趋势，用公式表示为：

$$\mathrm{FSSD} = \sqrt{(M-1)^2 + U^2 + (W-0.5)^2} \tag{6-8}$$

式中，$0 \leqslant M$、U、$W \leqslant 1$，$0 \leqslant FSSD \leqslant 1.5$，其值越小越接近理想结构。

6.1.4 数据处理及分析

用Excel对野外调查数据进行初步整理。利用winkelmass计算标准地核心区、缓冲区每株林木的 M、U、W，计算出每株林木及结构参数均值及其一元分布频率。多元分布频率使用 Excel 的透视表统计，用 Origin 2021 绘图。

6.2 青杆纯林空间结构特征

森林的空间结构包括森林中物种的不同组成及其在空间部分上的不同格局，通过森林空间结构可以帮助了解森林的发展历史、现状和生态系统将来的发展方向。结构决定功能，合理的林分结构是充分发挥森林多种功能的基础。因此，量化分析青杆林的空间结构可以为青杆林健康可持续经营提供理论依据。

6.2.1 不同海拔青杆纯林结构特征差异

通过对不同海拔（2300 m、2600 m）所有采样点的青杆林分非空间结构特征求均值，能够得到高海拔和低海拔的基本结构参数（表 6.1）。在相近的林分密度内，两者的胸径平均值无显著性差异，分别为 20.68 cm 和 20.31 cm。而树高具有极显著差异，高海拔地区的青杆树高均值为 13.56 m，而低海拔地区青杆的树高均值达到了 17.04 m。除此之外，不同海拔的青杆树龄也具有极显著差异，高海拔地区的树龄平均为 48.3 a，而低海拔地区的树龄达到了 70.2 a。

表 6.1 不同海拔青杆的基本结构参数

Table 3–2 Basic structural parameters of *Picea wilsonii* at different altitudes

区域 Area	样方个数 Sample number	海拔范围 Elevation range(m)	密度 Stand density (株 /hm^2)	胸径 DBH (cm)	树高 Tree height (m)	树龄 Tree age (a)
LSD	4	2612-2640	744	20.68 ± 1.57a	13.56 ± 0.64a	48.30 ± 1.89a
HLG	4	2286-2300	806	20.31 ± 0.71a	17.04 ± 0.47b	70.21 ± 2.24b

6.2.1.1 胸径分布差异

以 5 cm 为一个径级（5 ～ 10 cm，10 ～ 15 cm，15 ～ 20 cm…依次标注为 1，2，3…）对 2300 m 和 2600 m 海拔下的青杆按径级进行划分，共划分 7 个径级，如图 6.4 所示，高海拔地区青杆径级分布主要分布在 5 ～ 15 cm 之间，而低海拔地区青杆径级主要分布在 15 ～ 30 cm 之间。

海拔 2600 m 的青杆林分径级分布呈现出反“J”型曲线特征，基本符合天然异龄林胸径分布特征。在 5 ～ 10 cm 达到最大值后随着径级的增大而随之下降，最大胸径介于 35 ～ 40 cm。

海拔 2300 m 的青杆林呈现正态分布，不属于合理的天然异龄林胸径分布特征。青杆株数在 10 ～ 25 cm 区间逐渐增加，在 20 ～ 25 cm 达到最大值后开始逐渐下降，最大胸径与低海拔地区一样介于 35 ～ 40 cm。

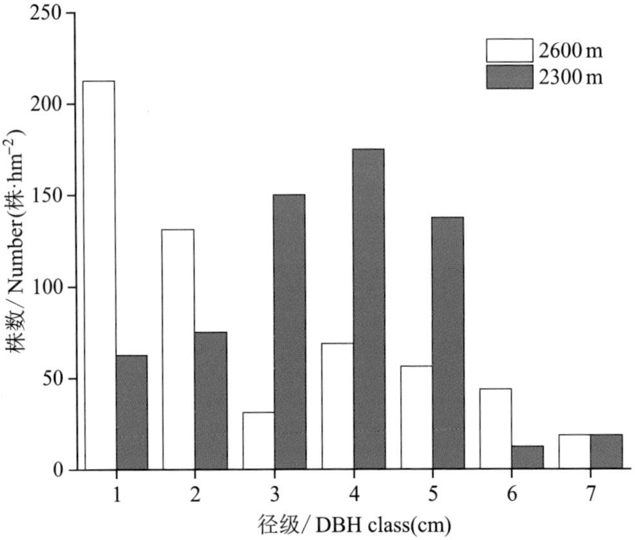

图 6.4　不同海拔梯度青杆径级变化

Fig. 6.4　The variation in DBH class of *Picea wilsonii* in different altitudes

6.2.1.2 树高分布差异

5 m 为一个梯度（0 ～ 5 m，5 ～ 10 m，10 ～ 15 m…依次标注为 1，2，3…）对 2300 m 和 2600 m 海拔的青杆进行高度划分，共分为 6 个梯度，其树高分布图如图 6.5 所示。低海拔地区的青杆树高主要分布在 15 ～ 20 m，而高海拔地区的青杆树高主要分布在 5 ～ 15 m，由此可知低海拔的树木高度明显高于高海拔地区。

高海拔地区的青杆林分高度级分布呈现出反“J”型曲线特征，在 5 ～ 10 m 株数达到最大值后随着高度的增加株数逐渐下降，树高最大值介于 25 ～ 30 m。

低海拔地区的青杆株数在 5 ～ 20 m 逐渐增大，在 15 ～ 20 m 达到最高值，之后便随着高度的增加而逐渐下降，树高最大值也介于 25 ～ 30 m。

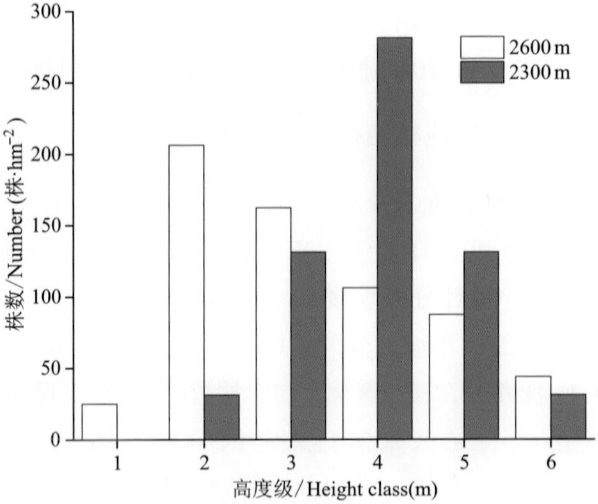

图 6.5 不同海拔梯度青杆树高变化

Fig. 6.5 The variation in tree height class of *Picea wilsonii* in different altitudes

6.2.1.3 年龄分布差异

根据不同海拔梯度下青杆木芯的数据，以 10 年为一个梯度对 2300 m 和 2600 m 的青杆按年龄进行划分，不同年龄的青杆株数如图 6.6 所示。高海拔地区的树龄明显低于低海拔地区的树龄。

高海拔地区的树龄普遍较小（小于 70 a），以 30 ～ 70 a 的青杆为主，这 4 个不同龄级的株数基本相同。高海拔地区的青杆在 10 ～ 30 a 之间还有零星分布，而当龄级大于 70 a 后很少有分布。

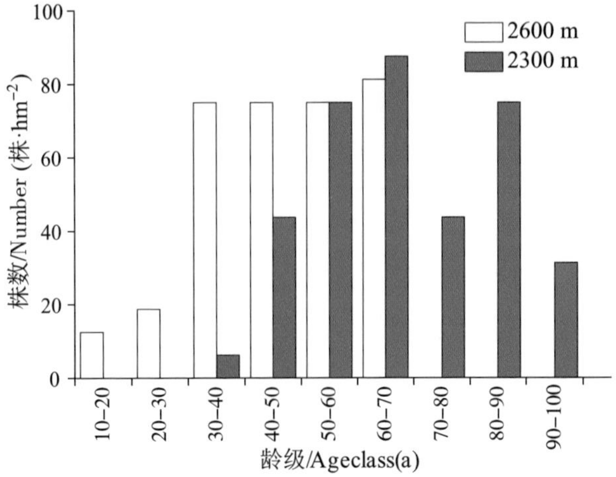

图 6.6 不同海拔梯度青杆树龄变化

Fig. 6.6 The variation in age class of *Picea wilsonii* in different altitudes

低海拔地区的青杆树龄在 10 ～ 40 a 之间分布较少，但是过了 40 a 以后其株数快速上升，在 60 ～ 70 a 时达到顶峰，其最大值达到 90 ～ 100 a。

6.2.2 不同坡度青杆纯林结构特征差异

6.2.2.1 不同坡度林分直径分布

青杆纯林多形成以青杆为主的单优群落，少见其他树种。为掌握青杆纯林的分布状态，将林分按坡度大小划分为三类。缓坡≤ 15°，中坡为 15° ～ 25°，陡坡≥ 25°。平坡林分的平均密度为 960 株 /hm^2。中坡林分的平均密度为 1031.25 株 /hm^2，核心区林木占总株数的 55.9%，陡坡林分的平均密度为 1218.75 株 /hm^2，核心区林木占总株数的 54.6%（表 6.2）。

表 6.2　青杆纯林样地基本信息表

Table 6.2　Basic information of *Picea wilsonii* pure forest sample plots

林分类型 Forest type	坡度 Slope	样方号	平均密度（株 /hm^2）	海拔（m）	平均胸径（cm）	平均胸径（cm）
缓坡 Gentle slope	3	1	750	2292	22.62	20.59
	5	2	1375	2284	21.2	19.73
	2	3	875	2341	22.89	22.89
	6	4	700	2390	27.15	27.15
中坡 Medium slope	16	5	1225	2370	17.74	14.36
	21	6	1125	2370	17.94	15.97
	19	7	825	2470	20.42	15.92
	22	8	950	2320	15.66	15.62
陡坡 Steep slope	29	9	1175	2294	16.09	13.11
	37	10	1350	2390	19.09	14.88
	31	11	1250	2370	16.58	13.54
	37	12	1100	2380	17.82	15.27

本研究以 5 cm 为起测胸径，为了解青杆直径分布特征，采取 2 cm 径阶整化，做各径阶林木株数分布图。根据表 6.3 可知，平坡样地的胸径分布范围为 5.65 ～ 45.95 cm，形状为多峰分布，径级在 18 cm 和 26 cm 的林木较多（图 6.4）。$SK > 0$，为偏左态分布，$ST < 0$，分布曲线呈平顶峰，离散程度较大，有大径阶林木分布。

中坡样地的胸径分布范围为 5.10 ～ 54.07 cm（表 6.3），形状为多峰分布，径级在 8 cm 和 20 cm 的林木较多（图 6.4），SK ＞ 0，为偏左态分布，且偏左最多，说明样地中小径木偏多，占比大，更新情况良好，*ST* > 0，分布曲线呈尖顶峰，分布较集中，有大径阶林木分布。

陡坡样地的胸径分布范围为 5.00 ～ 38.35 cm（表 6.3），形状为多峰分布，径级在 10 cm 和 20 cm 的林木较多（图 6.7），*SK* > 0，为偏左态分布，小径木占比最高，更新情况良好，*ST* < 0，分布曲线呈平顶峰，与正态分布相似度最高，大径木较少。

表 6.3 直径分布特征值

Table6.3 Characteristic value of DBH distribution

坡度 Slope	胸径 /cm			平均树高（m）	标准差	变异系数 CV（%）	偏度系数 *SK*	峰度系数 *ST*
	最小	最大	平均					
缓坡 Gentle Slope	5.65	45.95	20.55	20.14	9.64	46.9%	0.461	-0.515
中坡 Medium Slope	5.10	54.07	17.87	15.47	9.78	54.7%	0.907	0.700
陡坡 Steep Slope	5.00	38.35	16.21	14.2	7.34	45.3%	0.487	-0.199

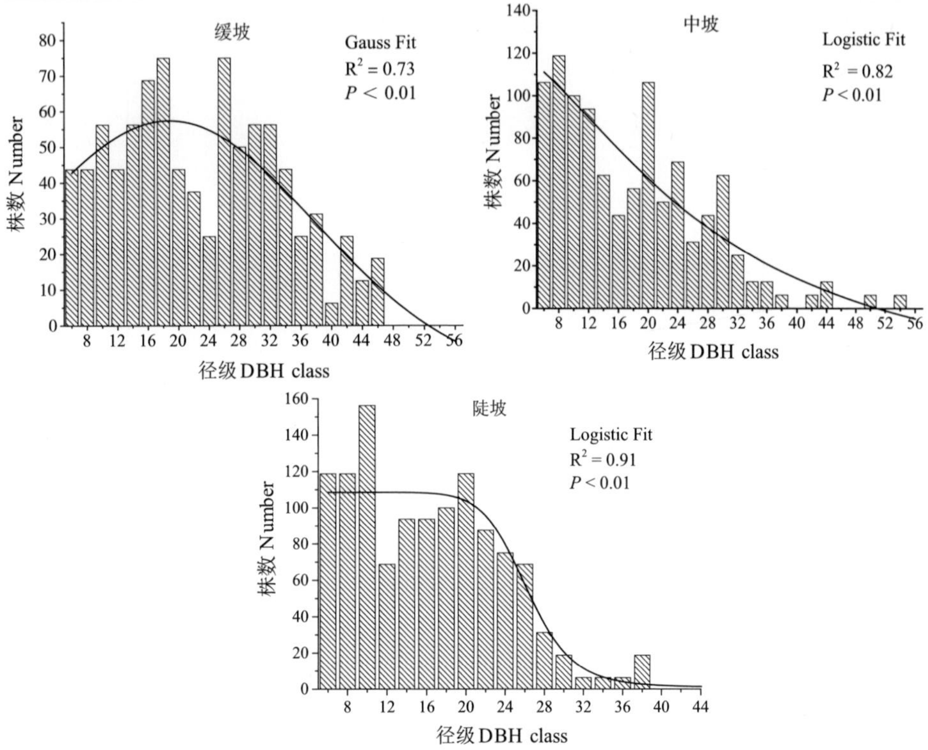

图 6.7 直径分布图

Fig. 6.7 DBH distribution

6.2.2.2 不同坡度青杆林林木水平分布图

不同坡度林分林木分布如图 6.8、6.9 和 6.10。小框内为核心区树木，小框外为缓冲区树木。圆圈代表林木在样方中分布的相对位置，圆圈大小代表林木胸径，蓝色圆圈代表青杆，其他颜色圆圈代表林分中的其他乔木。由于缓坡样方在河谷地带，由于地形限制无法设置缓冲区。

6.2.2.3 不同坡度青杆林空间结构一元分布特征

缓坡样地中 61.1% 为随机分布林木（表 6.3），其次是不均匀分布和均匀分布林木，分别为 19.5%、11.5%，$\overline{W}$ 为 0.559，大于 0.517，说明该坡度范围内青杆群落偏向集群分布。不同分化程度林木分布比例介于 17.6% ～ 22.1%，$\overline{U}$ 为 0.5，为中庸状态。$\overline{M}$ 为 0.338，混交状况差，大部分林木周围分布同种乔木或一种其他乔木。

中坡样地中 63.3% 为随机分布林木（表 6.4），其次是不均匀分布和均匀分布林木，分别为 17.3%、16.6%，其余分布格局的林木极少，$\overline{W}$ 为 0.508，落在 [0.475，0.517] 之间，说明该坡度范围内青杆群落整体为随机分布，不同分化程度林木分布比例介于 16.4% ～ 21.8%，$\overline{U}$ 为 0.491，群落竞争状态为中庸略偏强势。$\overline{M}$ 为 0.036，基本没有混交情况存在，林分中鲜有其他树种分布。

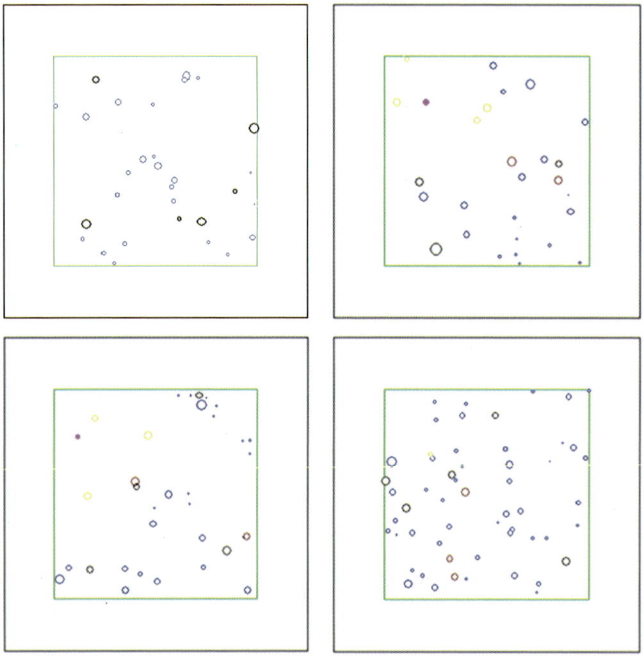

图 6.8 缓坡林木分布图

Fig.6.8 Trees distribution of flat slope

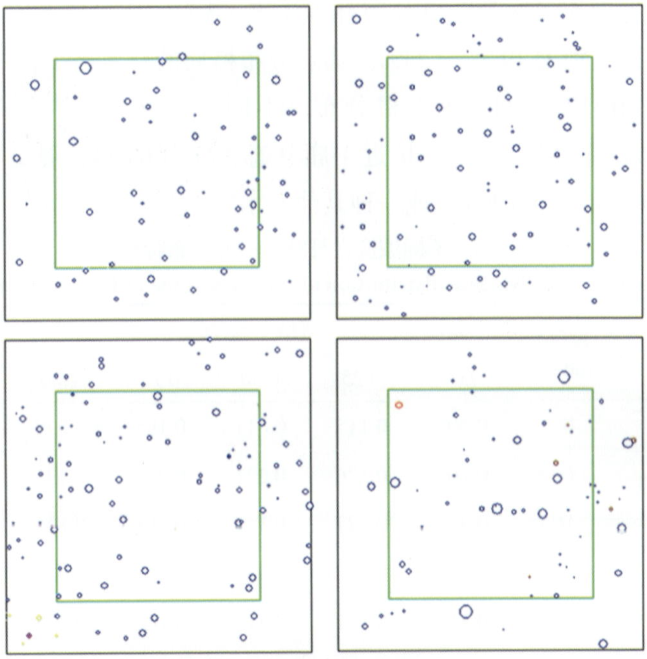

图 6.9 中坡林木分布图

Fig.6.9 Trees distribution of medium slope

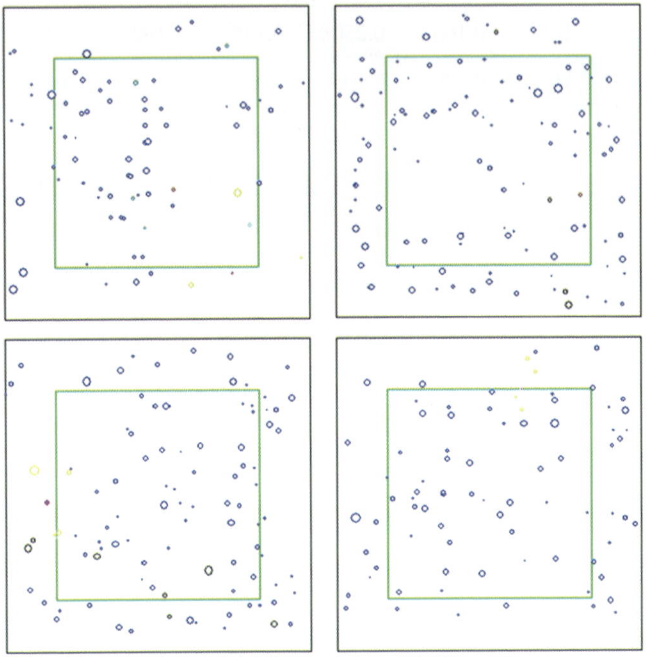

图 6.10 陡坡林木分布图

Fig.6.10 Trees distribution of steep slope

陡坡样地中 53.2% 为随机分布林木（表 6.3），其次是不均匀分布和均匀分布林木，分别为 19.3%、24%，其余分布格局的林木极少，$\overline{W}$ 为 0.491，落在 [0.475，0.517] 之间，为随机分布，不同分化程度林木分布比例介于 16.6% ～ 25%，$\overline{U}$ 为 0.511，为接近中庸状态。$\overline{M}$ 为 0.084，混交程度极低，大部分林木周围分布同种乔木或一种其他乔木。

表 6.4　不同坡度青杆纯林一元分布特征

Table.6.4　Univariate distribution of different slope of Picea wilsonii

坡度 Slope	指标 Index	等级 Degree 0.00	0.25	0.50	0.75	1.00	均值 Mean value
平坡 Flat slope	W	0.000	0.115	0.611	0.195	0.079	0.559
	U	0.208	0.176	0.221	0.200	0.195	0.500
	M	0.326	0.327	0.141	0.081	0.125	0.338
中坡 Medium slope	W	0.008	0.166	0.633	0.173	0.020	0.508
	U	0.218	0.191	0.213	0.164	0.214	0.491
	M	0.928	0.046	0.000	0.007	0.020	0.036
陡坡 Steep slope	W	0.015	0.240	0.532	0.193	0.020	0.491
	U	0.166	0.250	0.175	0.192	0.217	0.511
	M	0.830	0.100	0.021	0.005	0.045	0.084

6.2.2.4 不同坡度青杆林空间结构二元分布特征

林分空间结构参数二元分布能够同时提供树种间隔离程度、分布格局及相互间的综合状况。结构参数二元分布借助频率表达优势同时从两方面刻画林分空间结构特征，并广泛应用于不同林分类型。

在缓坡林分中（图 6.11），同一分化程度林木即同一大小比数林木分布频率近似正态分度，稍向右偏，在 W_i=0.50 时分布频率最高，说明同一分化程度的林木多呈随机分布，且偏向集群分布的林木多于偏向均匀分布的林木。分布频率介于 8.08% ～ 15.29% 之间，在 U=0.5 且 W=0.5 时最大，达到 15.29%，说明林分中中庸木中随机分布的林木最多；同一分布格局林木，中庸、劣势和绝对劣势的林木较多，分布频率在 2.7% ～ 42.7%，说明林分内处于竞争劣势的林木较多，竞争势较弱。同一混交等级不同分布格局的林木分布频率呈近似正态分布，在 W_i=0.50 时分布频率最高，说明同一混交等级林木多呈随机分布，分布频率介于 1% ～ 29.8% 之间，在林木零度混交且随机分布时最大；同一分布格局林木混交程度多分布在零度混交或弱度混交，在 W=0.5 且 M=0 或 M=0.25，分布频率为 46.6%，也就是说，随机分布的林木多与本种或另一种乔木伴生，其余分布组合较少。同一混交等级下，林木分布程度变化不显著，分布较均匀；同一分化程度林木多于本种或一种乔木混交，分布频率介于 4.8% ～ 11.7% 之间，林分整体混交水平较差。

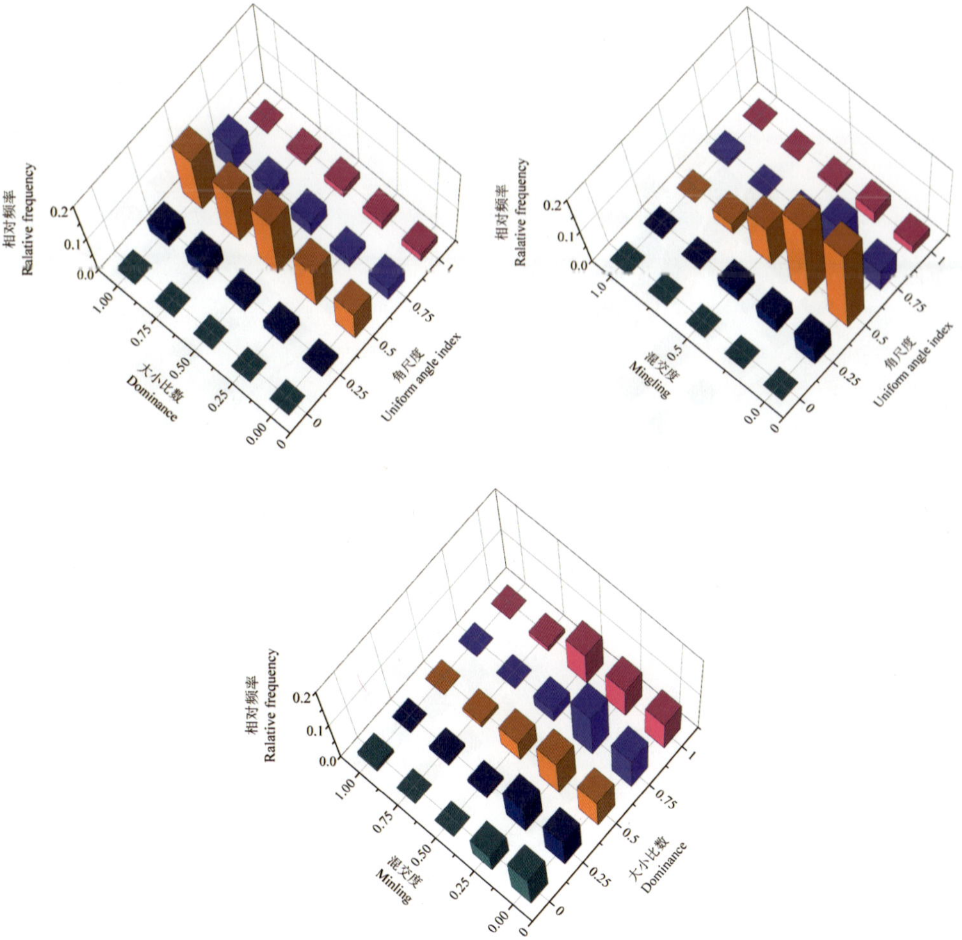

图 6.11　缓坡林分二元分布

Fig.6.11　Bivariate distribution of gentle slope

中坡林分中（图 6.12），同一分化程度林木中分布频率最高的是处于随机分布状态的林木，即 W=0.5，分布频率在 9.26% ～ 17.31% 之间，总计达 63.5%，随分化程度变化，角尺度分布频率近似正态分布，向两侧逐渐减小；同一分布格局林木分化程度状况相似，分布比例差不多；中庸林木且随机分布林木，即 U=0.5 且 W=0.5 时，分布频率最大，达 17.31%。整体林分少见其他树种林木，几乎没有混交的情况，混交程度极低，零度混交的林木高达 94.9%；零度混交的林木分布格局呈正态分布，在 W=0.5 时达到峰值，分布频率变化在 0.76% ～ 59.11% 之间，常见的结构单元为随机分布林木周围分布同种乔木。零度混交林木中，林木分布程度较均匀，分布频率在 16.1% ～ 21.1% 之间。

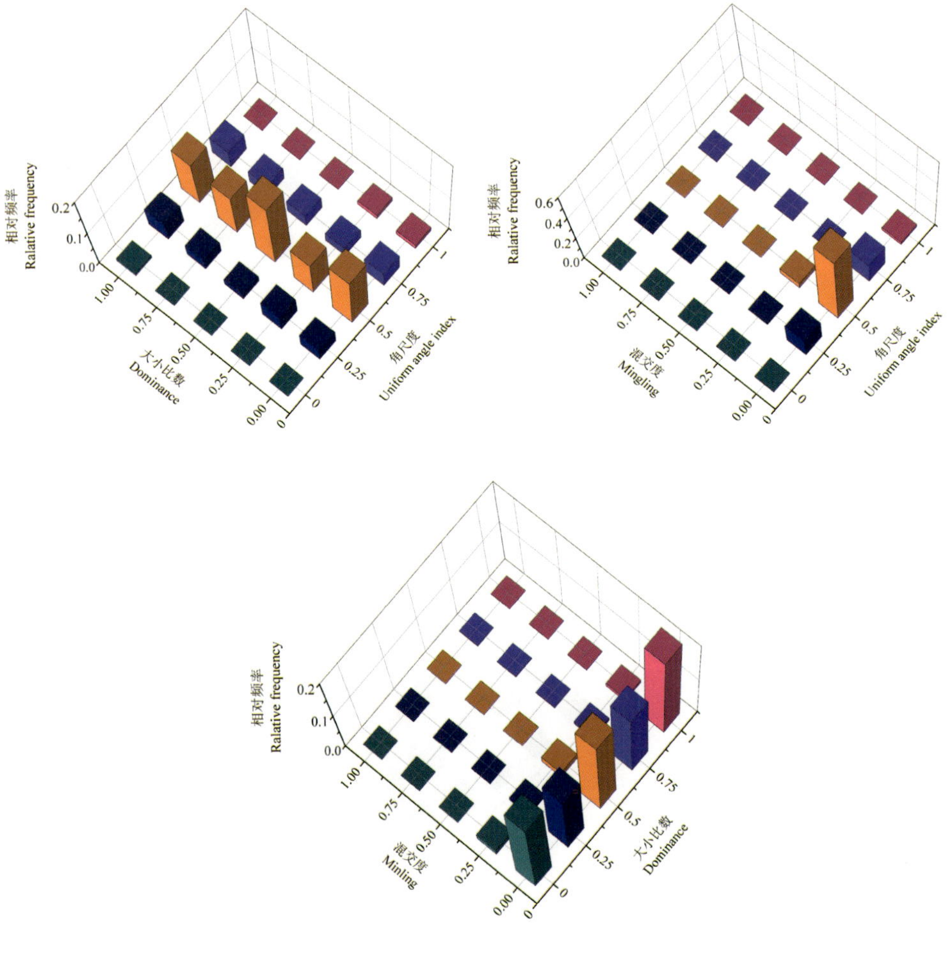

图 6.12　中坡林分二元分布

Fig.6.12　Bivariate distribution of medium slope

陡坡林分中（图 6.13），同一分化程度林分格局呈正态分布，分布频率最大值均处于随机分布（W=0.5），当 U=0.25 时分布频率最高，为 15.61%；同一分布格局林木，分化程度分布频率较均匀，有 51.3% 的林木为随机分布，随机分布林木随分化程度变化分布频率在 8.37% ~ 15.61% 之间变化。混交程度极低，零度混交林木占比 85.7%，随分布格局变化呈正态分布，在随机分布轴处达到最大值，分布频率为 46.7%，即林分中最多的结构单元为随机分布林木周围分布同种乔木。零度混交林木分布频率随分化程度变化较均匀，在 *U*=0.25 和 *U*=1 时取得较大值，分别为 23.2%、18.8%，中庸偏优势林木分布频率占比为 60%，林分整体竞争态势为中庸偏弱。

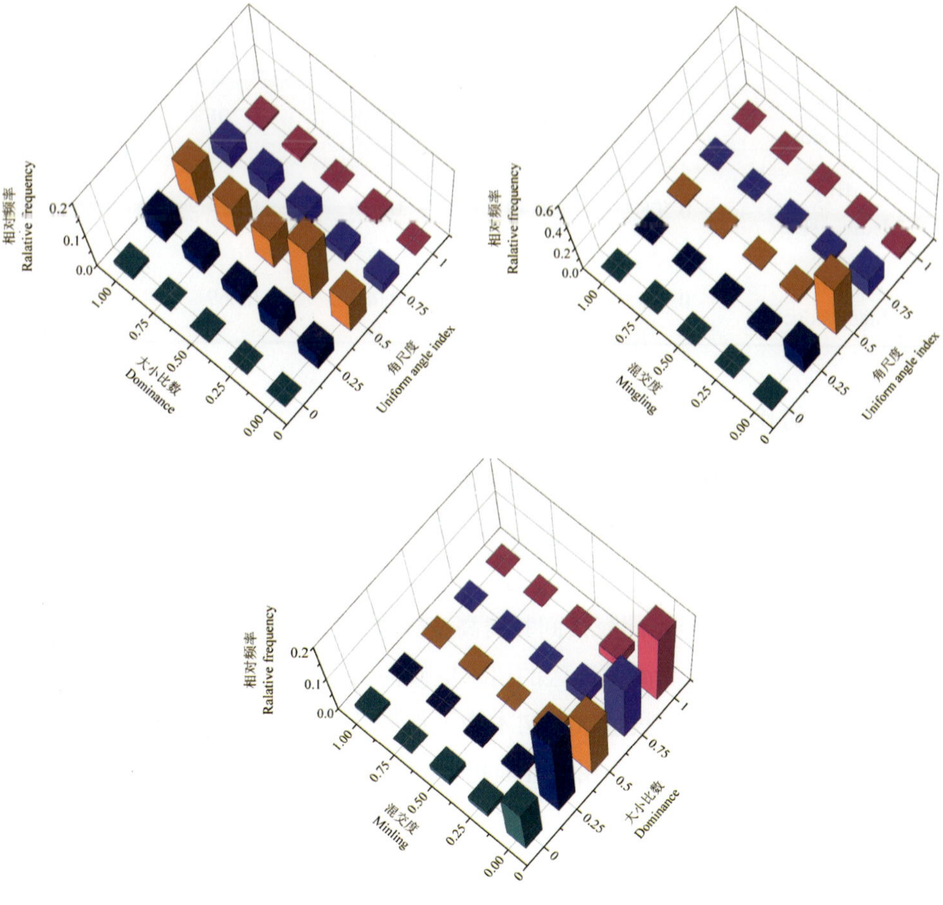

图 6.13　陡坡林分二元分布

Fig.6.13　Bivariate distribution of steep slope

6.2.2.5 不同坡度林分 *FSSI* 和 *FSSD*

FSSI 和 *FSSD* 可以用来量化评价林分结构与理想结构（*M*=1.00，*U*=0.00，*M*=0.50）的差距大小。由表 6.5 可知，缓坡、中坡、陡坡林分的 *FSSI* 分别为 0.201、0.024、0.069，三种坡度中平坡的总体结构显著优于其他两种坡度林分结构，

三种林分的 U 分别为 0.500、0.491、0.511，均处于生长中庸状态，平坡的分布格局虽为团状分布，但与另外两种林分较接近，而缓坡林分的混交状况大幅优于其他林分，因此缓坡林分的结构更趋向于理想结构。纯林的分布格局为随机分布，竞争状态处于中庸偏优势地位，符合天然林的分布规律，林分中青杆占绝对优势，鲜少有其他乔木。

表 6.5　不同坡度青杆 *FSSI* 和 *FSSD*

Table6.5　*FSSI* and *FSSD* of different slope *Picea wilsonii*

坡度 Slope	$\overline{W}$	$\overline{U}$	$\overline{M}$	*FSSI*	*FSSD*
缓坡 Gentle slope	0.559	0.500	0.338	0.201	1.046
中坡 Medium slope	0.508	0.491	0.036	0.024	1.165
陡坡 Steep slope	0.491	0.036	0.084	0.069	1.136

6.2.3 讨论

（1）一般认为树木胸径与海拔呈正相关关系，随着胸径的增大，树高也随之增高，但在本研究中高海拔地区的树高显著高于低海拔地区，而胸径不存在差异，两者的变化趋势并不一致。这与张雷等人在祁连山开展的林分结构研究结果一致[185]。不同海拔间其树高产生显著性差异的原因可能有两点：一方面面对低温时，高海拔地区的树木更倾向将生长的能量用于直径生长而非高生。另一方面高海拔地区的树木为了抵御低温，往往通过降低树高并增加冠幅面积来增大其光合作用的叶面积，减少能量损失[186]。有研究表明，海拔与胸径分布宽度呈极显著正相关关系，海拔越高，胸径分布宽度越大[187]，佐证了我们的观点。本文仅分析了地形因子对林分非空间结构的影响，但除了地形因子外，土壤理化性质[184]、树种组成[188]和不同的经营方法[189]也会显著影响林分的非空间结构。因此，未来综合分析各个指标对林分非空间结构的影响有助于更好的揭示地形因子在林分非空间结构中的作用。

（2）从三种坡度林分的直径分布特征来看，直径分布的范围较广，分布均呈左偏，符合异龄林直径分布规律，随径级增大，株数减少，偶有中径级缺失，可能与 20 世纪前期粗放的发展方式有关，都有特大径木分布，小径木较多，更新情况良好，其中，陡坡的小径木最多，更新状态最好。从一元分布特征看，青杆缓坡、中坡、陡坡林分中随机分布林木比例分别为 61.1%、63.3%、53.2%，$\overline{W}$ 分别为 0.559、0.508、0.491，缓坡林分呈团状分布，中坡和陡坡为随机分布格局。本研究中青杆纯整体为随机分布，有轻微团状现象，韩艳英等对林芝云杉的研究发现，林芝云杉在主林层为随机分布，在其他林层轻微聚集[190]，与本研究结果相近，而金铭等对青海云杉的研究则发现，青海云杉多呈聚集分布，油松天然林也以零混交林和弱混交林为主[191]。一般情况下，顶级群落中的林木长期在各种生态因子的作用下会趋于随机分布，随机分布是最优的分布格局，青杆纯林的分布格局总体良好，只有缓坡林分为团状分布。究其原因，可能与小径木的聚集有关，林分多在低林层呈聚集分布，随林层增高，在自疏和他疏作用下逐渐随机化，青杆纯林的郁闭度非常高，缓坡林分对光照的竞争更加剧烈，小径木多出现在林隙或林缘，团聚现象更明显。大小比数分布较均匀，都接近 20%，$\overline{U}$ 分别为 0.500、0.491、0.511，均接近中庸状态，但中坡林分的青杆竞争势略强于平坡林分和陡坡林分，可能是因为，中坡的地形较陡坡更适宜青杆生存，较平坡光照条件更适宜。纯林基本处于零度混交状态，少见其他树种。金铭等认为青海云杉在西北高寒气候带多形成单优种群[191]，兴隆山的青杆也常形成以青杆为主的单优群落[12]，这是由于青杆林分的郁闭度较大，其他木本植物多处于受压状态，在演替过程中逐渐淘汰。本研究区青杆纯林中，青杆优势明显，极少见其他乔木。

（3）二元分布将结构参数两两组合来描述结构特征，直观地表现出空间结构参数之间的相互关系。在三种坡度的林分中，二元分布特征相似。分布格局和分化程度的关系中，随角尺度变化，不同大小比林木的分布频率先增大后减小，胸径发育受团状分布制约。从林分结构评价指标 *FSSI* 和 *FSSD* 来看，缓坡林分的 *FSSI* 显著大于中坡和陡坡林分，*FSSD* 更小，更接近理想结构，平坡的林分结构更优。但 *FSSI* 和 *FSSD* 是以 W=0.5，U=0，M=1 为理想结构，其中混交度为主要的影响因素，因此对于单优基本接近零度混交的青杆种群不适用。因为本研究区为青杆纯林，林木的混交状态多为零度混交和弱度混交，并且随角（尺）度变化，分布频率先增大后减小，且多为随机分布林木，即林分中最常见的组合为随机分布的青杆周围分布同种乔木或 1 株其他乔木。同一混交等级下，大小比数变化较均匀无明显规律，两者相关性不强，这与梁文俊对河北围场的次生林的研究结果一致[192]。

6.3 青杆混交林空间结构特征

空间结构是物种生态关系在空间上的表现形式，反映了环境与物种的相互作用以及个体在空间上的相互关系，群落的优势物种对群落结构起着绝对的主导作用，因此掌握优势种的种群结构有助于了解群落建成与发展的过程。本小结以青杆白桦混交林、青杆红桦混交林、青杆山杨混交林为研究对象，量化分析各混交林分中优势种群的空间结构特征，以了解青杆混交林的生长状况。

6.3.1 不同混交类型群落物种组成

青杆白桦群落核心区林木占比为 54.6%，群落中物种总计 56 种，其中乔木 3 种，灌木 19 种，草本 34 种。灌木和草本中数量较多的物种有：唐古特忍冬、红脉忍冬、薹草、草玉梅。青杆白桦群落的树种组成为 7 青杆 +2 白桦 +1 红桦。从林木株数和胸高断面积看（表 6.5），青杆的占比分别为 42.68%，72.33%，断面积占比显著高于株数占比，说明该群落中青杆的大径木较多，而白桦胸径整体小于青杆。

青杆红桦群落核心区林木占比为 58.9%，群落中物种总计 71 种，其中乔木 4 种，分别为青杆、红桦、白桦、小叶杨，灌木 19 种，草本 48 种。灌木和草本中数量较多的物种有：唐古特忍冬、栓翅卫矛、华北绣线菊、薹草、秦岭小檗。青杆红桦群落的树种组成为 7 青杆 +3 红桦（表 6.5），青杆株数和断面积占比分别为 51.83%、65.38%，群落中青杆的株数较多，且青杆胸高断面积占比高于株数占比，说明青杆的整体胸径大于红桦胸径；红桦的株数和断面积占比分别为 46.34%、33.63%，红桦的胸高断面积占比低于株数占比，说明红桦在整体群落中胸径偏小。

青杆山杨群落核心区林木占比为 64.03%，群落中物种总计 55 种，其中乔木有 5 种，分别为青杆、山杨、红桦、白桦、油松，灌木 14 种，草本 36 种。灌木和草本中数量较多的物种有：银露梅、薹草、藓生马先蒿。青杆山杨群落的树种组成为 8 青杆 +1 山杨 +1 其他（表 6.5），青杆的株数和胸高断面积占比分别为 53.6%、83.6%，山杨的株数和胸高断面积占比分别为 32.4%、10.14%，青杆的胸高断面积占比大于株数占比，山杨的株数占比大于胸高断面积占比，说明青杆山杨混交林中青杆多为大径木，山杨多为小径木，山杨在群落中偏弱势。

表 6.5 各群落种群概况

Table.6.5 General situation of main population

群落类型 Forest type	树种	株数 / （株 /hm^2）	比例	断面积 （m^2/hm^2）	比例
青杆白桦林 *Picea wilsonii* & *Betula platyphylla* mixed community	青杆 *Picea wilsonii*	389	42.68%	26.369	72.33%
	白桦 *Betula platyphylla.*	366	40.24%	6.959	19.09%
	山杨 *Populus davidiana*	155	17.07%	3.130	8.58%
青杆红桦林 *Picea wilsonii* & *Betula albosinensis* mixed community	青杆 *Picea wilsonii.*	531	51.83%	21.248	65.38%
	红桦 *Betula albosinensis*	475	46.34%	10.930	33.63%
	白桦 *Betula platyphylla*	6	0.61%	0.020	0.06%
	小叶杨 *Populus simonii*	6	0.61%	0.192	0.59%
	祁连圆柏 *Juniperus przewalskii*	6	0.61%	0.111	0.34%
青杆山杨林 *Picea wilsonii* & *Populus davidiana* mixed community	青杆 *Picea wilsonii*	411	53.60%	28.594	83.60%
	山杨 *Populus davidiana*	377	32.80%	3.468	10.14%
	白桦 *Betula platyphylla*	89	6.40%	0.628	1.83%
	红桦 *Betula albosinensis*	67	4.80%	0.432	1.26%
	油松 *Pinus tabuliformis*	33	2.40%	1.081	3.16%

6.3.2 林木水平分布

不同群落类型林分林木的分布状况见图 6.14、 6.15 和 6.16，小框内为核心区树木，小框外为缓冲区林木，圆圈大小代表林木胸径，其中蓝色为青杆，其余颜色为伴生树种。

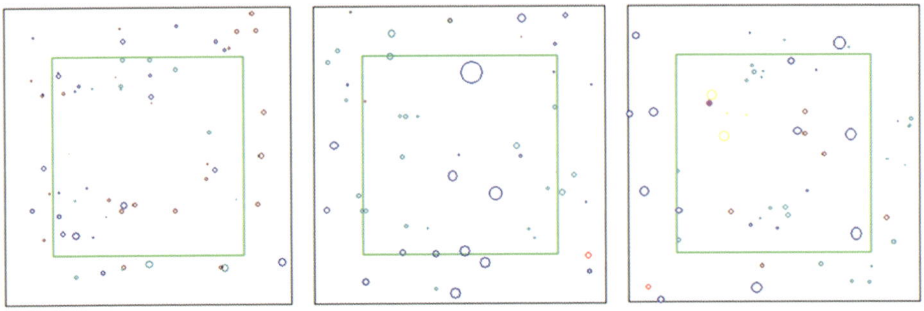

图 6.14　青杄白桦群落林木分布图

Fig.6.14　Trees distribution of *Picea wilsonii & Betula platyphylla* mixed community

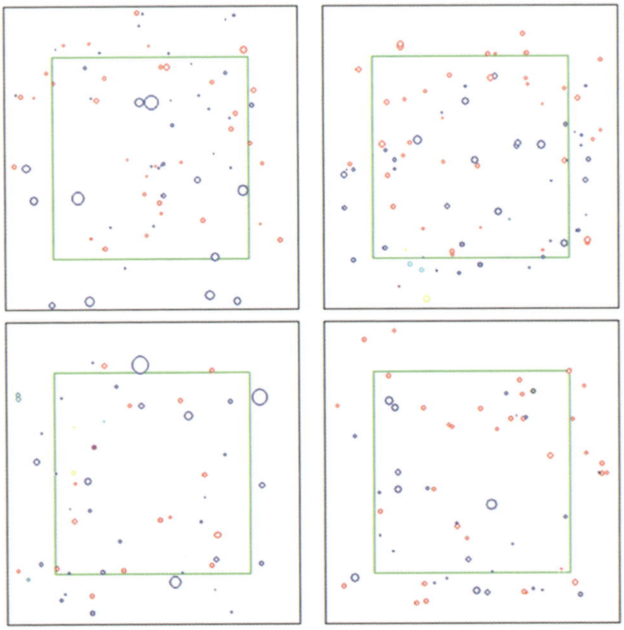

图 6.15　青杄红桦群落林木分布图

Fig.6.15　Trees distribution of *Picea wilsonii & Betula albosinensis* mixed community

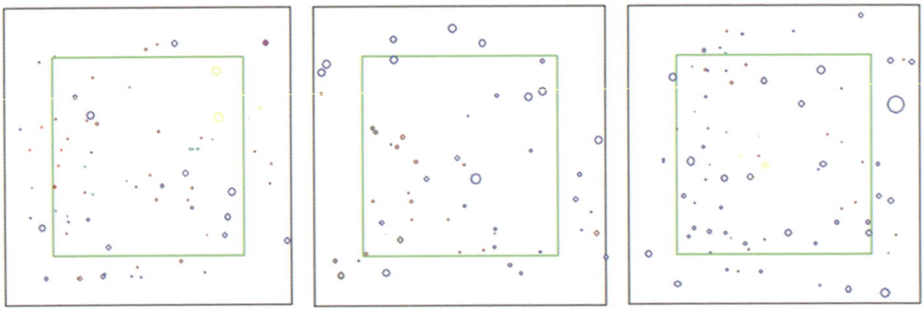

图 6.16　青杄山杨群落林木分布图

Fig.6.16　Trees distribution of *Picea wilsonii & Populus davidiana* mixed community

6.3.3 林木直径分布

本研究以 5 cm 为起测胸径，采取 2 cm 径阶整化，对群落内优势树种做各径阶林木株数分布图，直径分布直方图如图 6.17，各坡度直径分布特征如表 6.6。

青杆白桦群落中，青杆的胸径分布范围为 5.85 ～ 63.83 cm（表 6.6），平均胸径为 24.47 cm，径级在 6 cm 和 22 cm 的林木较多（图 4–1）。变异系数为 67.12 %，胸径分布较离散；$SK > 0$，较正态分布偏左；$ST > 0$，且值较大，分布曲线呈尖顶峰，分布集中，在中径级 16 ～ 20 cm 有缺失，有较多特大径阶林木分布，占比达 18.92%。由表 4–3 可知，白桦的胸径分布范围为 6.22 ～ 31.04 cm，平均胸径为 14.93 cm，径级在 16 cm 和 18 cm 处林木较多（图 6.11）。变异系数为 41.63%，小于青杆的变异系数，胸径分布范围较青杆更集中；$SK > 0$，呈偏左正态分布，更新状况比青杆的更新状况差，$ST > 0$，分布曲线呈尖顶峰，分布较集中。

青杆红桦群落中，青杆的胸径分布范围为 5.12 ～ 66.52 cm（表 6.6），平均胸径为 18.82 cm，在径级为 8 cm 处分布取得最大值（图 6.17）。变异系数为 69.93%，分布较离散；$SK > 0$，且绝对值最大，较正态分布左偏较多，说明青杆的小径木占比较大；$ST > 0$，且值较大，分布曲线呈尖顶峰，分布较集中，有特大径木分布。由表 6.6 可知，红桦的胸径分布范围为 7.06 ～ 28.35 cm，平均胸径为 16.48 cm，在 20 cm 径级处分布最多（图 6.17）。变异系数为 28.23%，远小于青杆的变异系数，胸径分布范围非常集中；$SK > 0$，呈偏左正态分布，小径木略多于大径木，但更新状况仍较差，小径木占比太低；$ST > 0$，分布曲线呈尖顶峰，分布较正态分布稍集中。

青杆山杨群落中，青杆的胸径分布范围为 5.30 ～ 48.39 cm（表 6.6），平均胸径为 18.98 cm，在径级为 6 cm 和 12 cm 分布较多最大值（图 6.17）。变异系数为 59.90%，胸径分布较离散；$SK > 0$，较正态分布左偏，小径木分布较多，更新状况良好；$ST < 0$，分布曲线呈平顶峰，有特大径木分布。山杨的胸径分布范围为 5.25 ～ 16.62 cm（表 6.6），平均胸径为 9.48 cm，在径级为 8 cm 和 10 cm 处分布较多（图 6.17）。变异系数为 28.13%，胸径分布范围集中；$SK > 0$，呈偏左正态分布，小径木较多；$ST > 0$，分布曲线呈尖顶峰。

表 6.6 分布特征值

Table6.6 racteristic value of DBH distribution

群落类型 Forest type	树种 Species	胸径（cm）			变异系数 CV	偏度 SK	峰度 ST
		最大	最小	平均			
青杆白桦林 *Picea wilsonii & Betula platyphylla* mixed community	青杆	63.83	5.85	24.47	67.12%	0.876	1.157
	白桦	31.04	6.22	14.93	41.63%	0.577	0.563
青杆红桦林 *Picea wilsonii & Betula albosinensis* mixed community	青杆	66.52	5.12	18.82	69.93%	1.481	1.970
	红桦	28.35	7.06	16.48	28.23%	0.515	0.382
青杆山杨林 *Picea wilsonii & Populus davidiana* mixed community	青杆	48.39	5.30	18.98	59.90%	0.810	-0.378
	山杨	16.62	5.25	9.48	28.13%	0.809	0.288

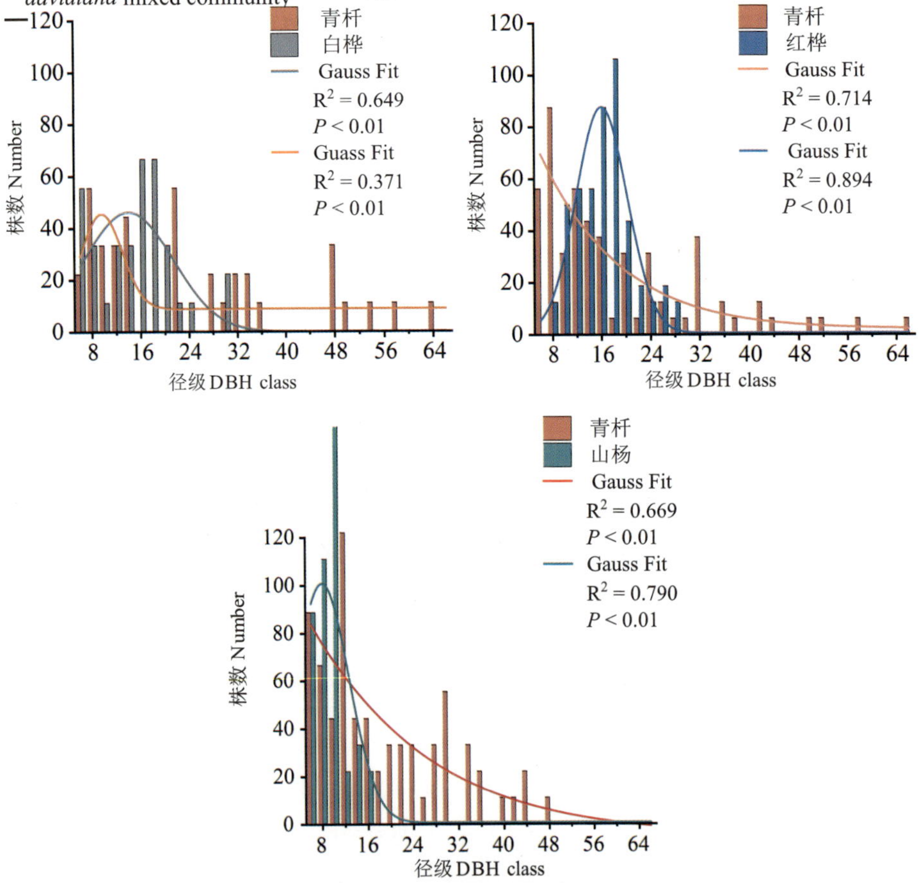

图 6.17 群落优势树种直径分布图

Fig. 6.17 distribution of dominant species in mixed community

6.3.4 不同类型混交林林木空间结构一元分布特征

青杆白桦群落的青杆种群中（表6.7），50.8%、33.3%的林木处于随机分布和均匀分布，其余分布格局的林木较少，整体以随机分布为轴呈偏左正态分布，$\overline{W}$为0.431，小于0.475，呈均匀分布；分化程度分布较均匀，优势林木和亚优势林木的分布频率为29.6%、21.5%，略多于劣势和绝对劣势林木，$\overline{U}$为0.444，处于中庸向亚优势过渡阶段；$\overline{M}$为0.518；混交较好，大部分林木周围有2～3株其他树种的林木，占比达40.7%、20.4%，其余混交等级分布相对较少。白桦种群中随机分布的林木占45.8%，整体以随机分布为轴偏右正态分布，不均匀分布的林木占比达30%，$\overline{W}$为0.562，大于0.517，呈团状分布格局；$\overline{U}$为0.546，除优势态外，其余分化水平分布较均匀，整体竞争力为中庸偏弱；$\overline{M}$为0.433，混交状况较青杆的差，各种混交等级林木的分布较均匀，周围伴生一种其他树种林木的情况最多，达30.7%。

青杆红桦群落的青杆中（表6.7），绝大部分林木分布类型为均匀分布、随机分布、不均匀分布，占比分别为24.7%、55.3%、19%，其他分布类型几乎没有，$\overline{W}$为0.491，在0.475～0.517之间，为随机分布格局。$\overline{U}$为0.539，在群落中处于中庸偏劣势地位，中庸木分布较少，其他分化等级分布较均匀。$\overline{M}$为0.468混交良好，弱度混交和中度混交的林木较多，占比分别为34.2%、40.1%，说明大多青杆周围有1～2种其他树种林木分布。青杆红桦群落的红桦中，61.9%的林木为随机分布林木，其他分布格局的林木较少，$\overline{W}$为0.512，小于0.517，呈随机分布格局；分化等级分布均匀，优势态和中庸态林木稍多，占比分别为23.2%、28.2%，$\overline{U}$为0.414，大于青杆的平均大小比数，表明红桦在群落中处于中庸向亚优势过渡阶段，比较两个树种的大小比数分布频率，优势木、亚优势木的分布频率差不多，但红桦的中庸木多于青杆的中庸木；$\overline{M}$为0.606，混交良好，中度混交和强度混交的林木较多，占比达27.3%、39.3%，混交状况优于青杆种群。

青杆山杨群落的青杆中（表6.7），随机分布和均匀分布的林木较多，分布频率分别为55.9%、29.8%，其他分布格局林木较少，$\overline{W}$为0.461，呈均匀分布格局；$\overline{U}$为0.382，青杆在混交群落处于竞争优势地位，优势木和亚优势木的比例分别为26.9%、32.8%，显著多于劣势林木；$\overline{M}$为0.389，混交较差，弱度混交的林木占比最高达 32.2%，多数林木在零度混交和中度混交之间，说明多数林木周围没有伴生或有 1 ～ 2 种其他树种林木，其余混交状况较少。青杆山杨群落的山杨中，51.8% 的林木为随机分布林木，25.7% 的林木为不均匀分布林木，其他分布状态的林木较少，$\overline{W}$ 为 0.537，呈团状分布格局；$\overline{U}$ 为 0.655，在群落中处于竞争弱势，多数林木处于中庸、劣势、绝对劣势状态，占比分别为 20.9%、35.2%、25.7%；混交良好，多数林木周围有 2 ～ 4 株其他树种林木伴生，占比分别为 30.8%、36%、22.9%，混交状况优于青杆。

表 6.7　各混交类型群落优势种一元分布

Table.6.7　Univariate distribution of dominant in different communities

群落类型 Forest type	树种 Species	指标 Index	等级 Degree 0.00	0.25	0.50	0.75	1.00	均值 Mean value
青杆白桦群落 *Picea wilsonii & Betula platyphylla* community	青杆	*W*	0.042	0.333	0.508	0.095	0.022	0.431
		U	0.296	0.215	0.129	0.221	0.138	0.444
		M	0.094	0.178	0.407	0.204	0.117	0.518
	白桦	*W*	0.000	0.179	0.458	0.300	0.064	0.562
		U	0.086	0.297	0.204	0.174	0.239	0.546
		M	0.152	0.370	0.200	0.151	0.127	0.433
青杆红桦群落 *Picea wilsonii & Betula albosinensis* community	青杆	*W*	0.000	0.247	0.553	0.190	0.010	0.491
		U	0.224	0.194	0.079	0.208	0.295	0.539
		M	0.025	0.342	0.401	0.202	0.030	0.468
	红桦	*W*	0.013	0.174	0.619	0.138	0.056	0.512
		U	0.232	0.199	0.282	0.155	0.133	0.414
		M	0.037	0.164	0.273	0.393	0.134	0.606
青杆山杨群落 *Picea wilsonii & Populus davidiana* community	青杆	*W*	0.009	0.298	0.559	0.105	0.029	0.461
		U	0.269	0.328	0.141	0.126	0.135	0.382
		M	0.199	0.322	0.287	0.108	0.084	0.389
	山杨	*W*	0.000	0.186	0.518	0.257	0.039	0.537
		U	0.063	0.119	0.209	0.352	0.257	0.655
		M	0.000	0.103	0.308	0.360	0.229	0.679

6.3.5 不同类型混交林优势种空间结构二元分布特征

6.3.5.1 青杆白桦混交林优势种群二元分布

青杆白桦群落的青杆种群中（图 6.18A），分化程度相同时，角（尺）度分布格局呈正态分布，即同一分化程度林木多呈随机分布，整体向左偏较多，均匀分布频率高于不均匀分布频率，整体格局趋向均匀分布；随机分布的林木中优势木、中庸木、绝对劣势木的分布较多，中庸偏优势林木总体多于劣势、绝对劣势林木，说明青杄的群落中处于竞争优势地位，同一分布格局下，随分化程度变化分布频率无规律变化。同一混交等级的林木多为随机分布，零度混交的林木较少，总体混交良好，由图可知，*W*=0.5，*M*=0.5 时分布频率最高，*W*=0.25，*M*=0.75 的林木稍多，即青杄中随机分布且周围伴生 2 株其他树种乔木的林木最多。除绝对优势林木外，其他分化程度林木，分布频率呈正态分布，混交等级多在中度混交，其中 *U*=0.25，*M*=0.5 的林木分布频率最高，即亚优势且伴生有 2 株其他乔木的青杄最多，占比达 12.8%。

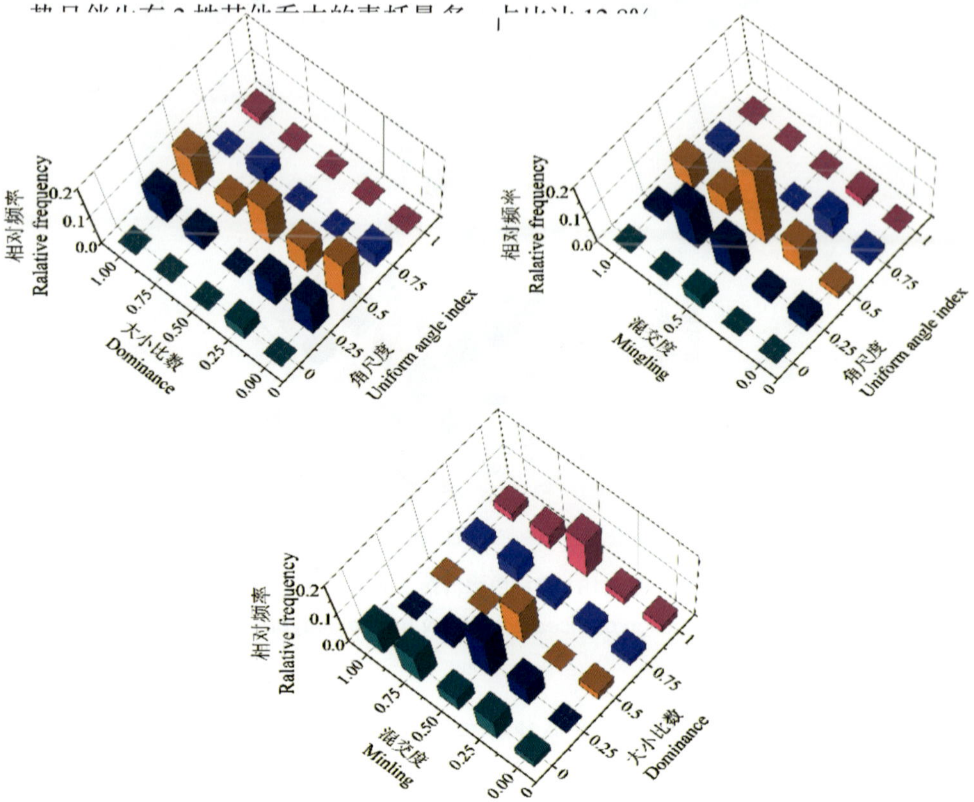

A

青杄白桦群落的白桦种群中（图 6.18B），同一分化程度的林木多为随机分布和不均匀分布，占比分别为 45.8%、30%，其余分布格局林木较少，整体格局呈团状分布，同一分布格局林木分化程度变化无明显规律，*W*=0.5，*U*=1 的林木分布频率最高，占比达 15.9%，即林分中随机分布且处于绝对劣势的白桦最多；同一混交等级林木随角（尺）度变化大致表现出先增大后减小的趋势，其中 *W*=0.5 且 *M*=0.5 的林木最多，达 20%；同一混交等级林木随大小

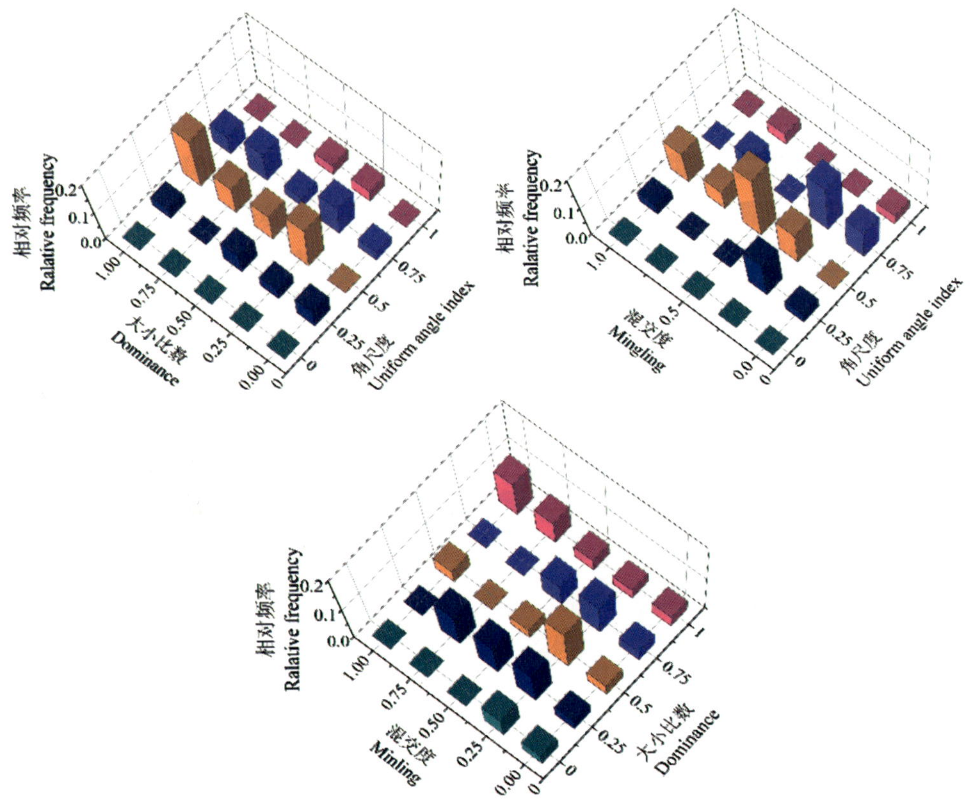

B

图 6.18　青杆白桦群落二元分布

Fig.6.18　Bivariate distribution of *Picea wilsonii & Betula platyphylla* mixed community

比数变化无明显规律。

6.3.5.2 青杆红桦混交林优势种群二元分布特征

青杆红桦群落的青杆种群中（图 6.19A），同一分化程度的青杆分布格局多为随机分布，并向两侧逐渐递减，随机木占比为 54.9%；随机分布的林木中，除中庸木较少，其他分化等级的林木分布较均匀；同一混交等级林木多为随机分布，均匀分布稍多于不均匀分布，呈偏左正态，其他分布格局林木较少，随机分布林木周围多有 1 ～ 2 株其他乔木伴生，占比达 42%；同一分化等级林木的混交等级分布频率为正态分布，在中度混交或弱度混交处分布频率最高，占比分别为 13.1%、12.5%，即林分中处于竞争劣势混交等级为中庸偏弱的林木较多。

青杆红桦混交林中的红桦种群中（图 6.19B），同一分化等级的红桦，呈正态分布向两侧逐渐减少，大部分为随机分布林木，占比达 61.9%，随机分布林木中优势木和劣势木较多（*W*=0.5 且 *U*=0 和 *W*=0.5 且 *U*=0.75），分布频率为 15.1%、19.7%；同一混交等级林木随分布格局变化先变大后变小，最大值出现在 *W*=0.5，即同一混交水平林木中随机分布的林木最多，其中强度混交的随机木最多（即 *W*=0.5 且 *M*=0.75），占比达 22.2%，同一分布格局林木分布频率随混交等级变强先变大后变小，在强度混交处取得较大值，整体混交良好；同一混交等级林木随大小比数增大，先增大后减小，在 *U*=0.5 处取得较大值，同一分化程度林木随混交度变化先变大后变小，在 *M*=0.75 时取得

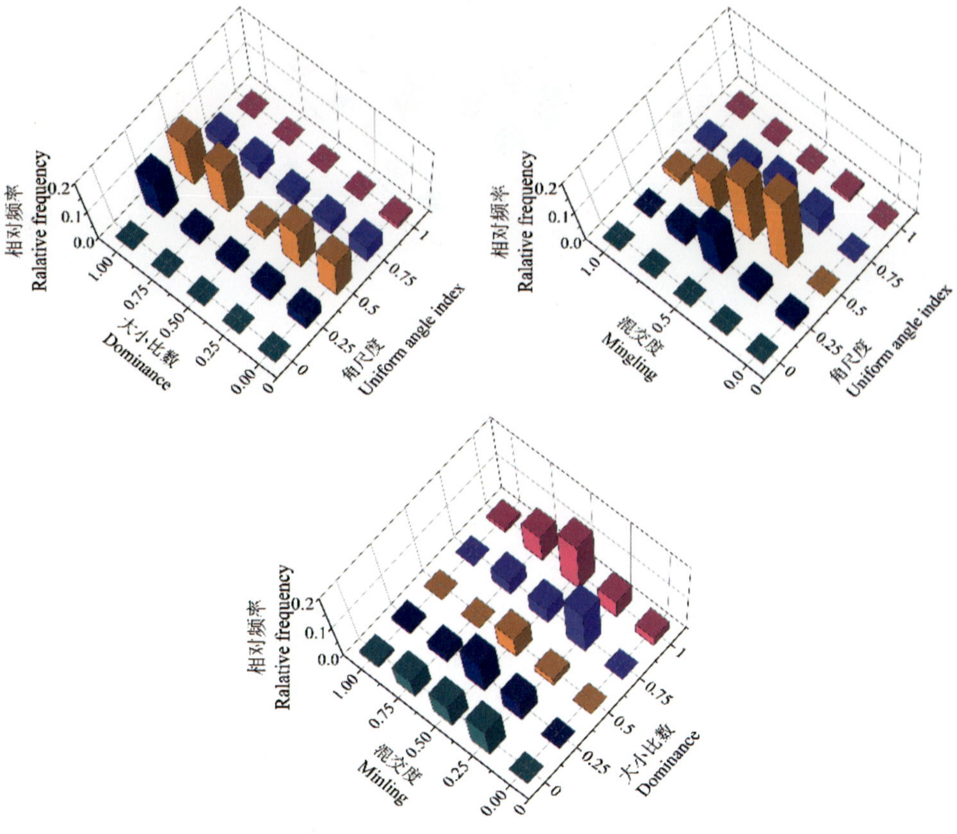

A

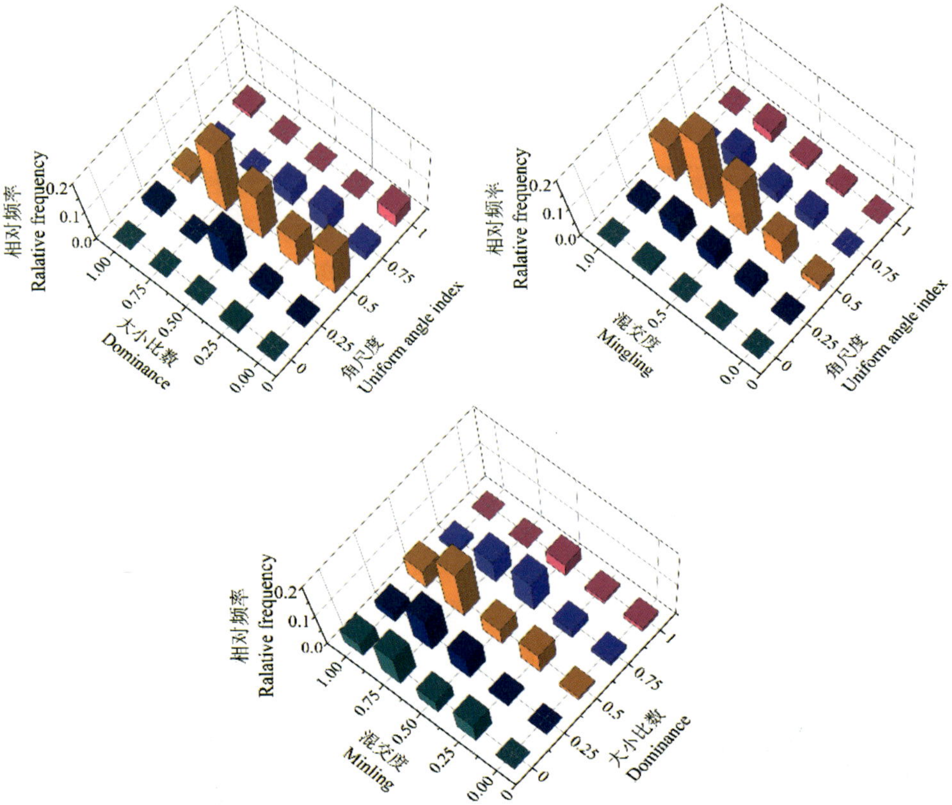

B

图 6.19 青杆红桦群落二元分布

Fig.6.19 Bivariate distribution of *Picea wilsonii & Betula albosinensis* mixed community

较大值，大多红桦在群落中处于中庸偏优势且混交良好的状态。

6.3.5.3 青杆山杨混交林优势种群二元分布特征

青杆山杨混交林中青杆的二元分布中（图 6.20A），同一分化程度的林木多为随机分布，向两侧逐渐较少，W=0.5 且 U=0 的林木分布频率最高，即优势且随机分布的青杆最多，占比为 18.3%，角尺度相同时，不同分化程度的林木分布较均匀，优势或亚优势的林木稍多；同一混交等级下，林木多呈随机分布格局，林木分布频率随角（尺）度变化先增大后减小，在 W=0.5 时取得最大值，W=0.5 且 M=0.25 和 W=0.5 且 M=0.5 的林木较多，即随机分布的青杆中 37.6% 的林木周围伴生有 1 ～ 2 株其他乔木；同一混交等级的林木随大小比数变化分布较均匀，优势木和亚优势木稍多，青杆在群落中占优势地位，同一分化程度林木随混交度变化呈现先变大后变小趋势，在弱度混交或中度

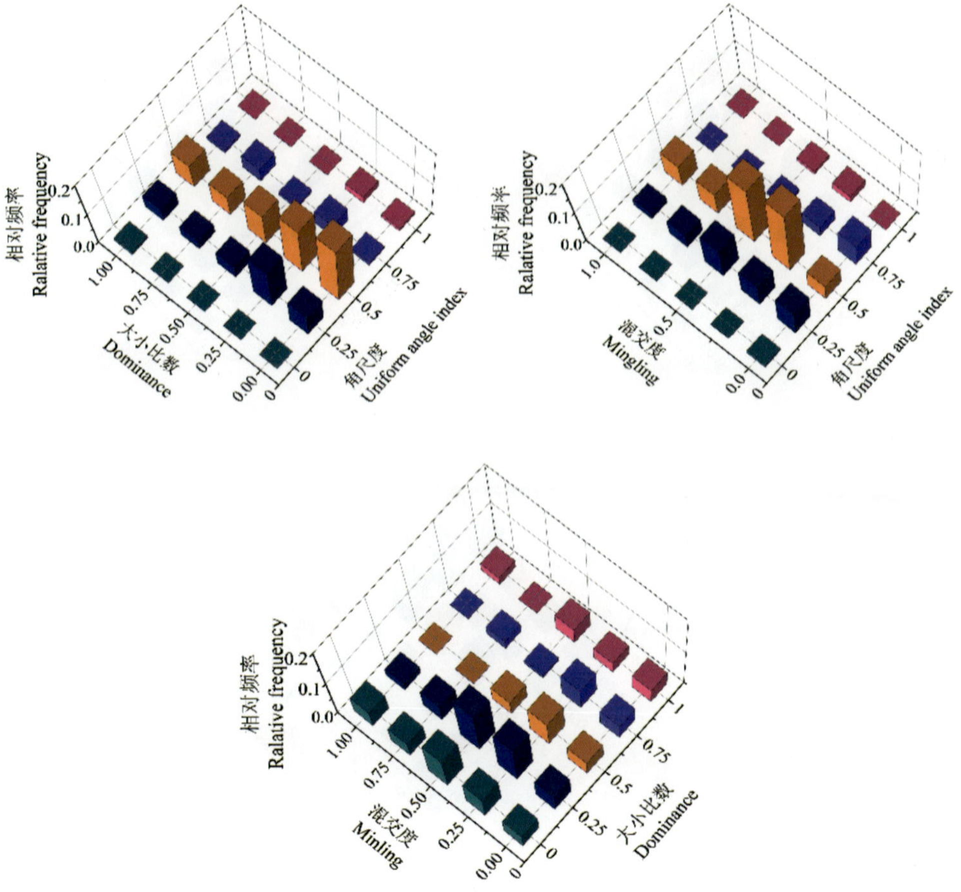

A

混交取得最大值，林木多为优势或亚优势木且呈弱度或中度混交。

青杆山杨混交林中山杨的二元分布中（图 6.20B），同一分化程度林木多呈随机分布，其他 W=0.5 且 U=0.75 的林木分布频率最高，即在群落中的白桦处于弱势且随机分布状态；同一混交等级林木，多为随机分布林木，随角尺度变化呈现增多后减少趋势，W=0.5 且 M=0.75 的林木分布频率最高，占 25.7%，即群落中白桦最常见的组合为随机木周围有 3 株其他乔木；同一混交等级下，分布频率随大小比数变化无显著规律，同一分化等级林木中多为中度混交、强度混交和极强度混交，混交林中的白桦多为弱势且混交较强的林木。

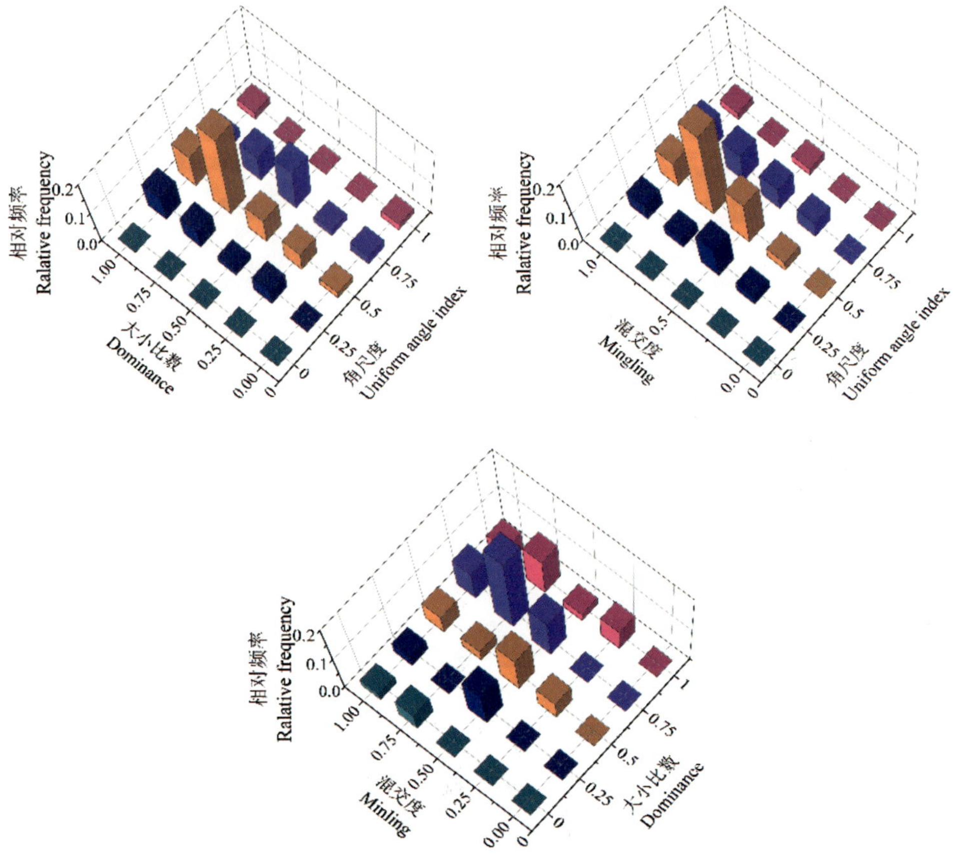

B

图 6.20　青杆山杨群落二元分布

Fig.6.20　Bivariate distribution of *Picea wilsonii & Populus davidiana* mixed community

6.3.6 不同混交林 *FSSI* 和 *FSSD*

对林分整体空间结构优劣进行评价，以了解不同混交类型林分的空间结构状态，提出针对性的经营措施。采用 *FSSI* 和 *FSSD* 来量化不同混交类型青杆林结构的优劣，量化分析现实天然林与理想结构点之间的差距。

由表 6.8 青杆白桦林、青杆红桦林、青杆山杨林的 *FSSI* 分别为 0.393、0.482 和 0.354，因此，青杆红桦林的空间结构明显优于青杆白桦林和青杆山杨林。三种混交林的 $\overline{W}$ 分别为 0.515、0.503 和 0.498，均为随机分布，且比较接近，$\overline{U}$ 分别为 0.503、0.470 和 0.480，三种林分均处于中庸状态，但青杆红桦林、青杆山杨林的生长略强于青杆白桦林，而三者的 $\overline{M}$ 分别为 0.393、0.482

和 0.354，青杆红桦林的混交状况优于另外两种混交林分。综合角尺度、大小比数、混交度的情况来看青杆红桦混交林的林分状况更趋近于理想的林分结构（*W*=0.50，*U*=0.0，*M*=1.00，此时 *FSSI*=1），其 *FSSD* 略低于其他两种林分。综上，在三种混交类型中，青杆红桦林各方面都稍优于另两种林分。

表 6.8 不同类型混交林 *FSSI* 和 *FSSD*

Table 6.8 I and *FSSD* of different mixed forests

群落类型 Community type	$\overline{W}$	$\overline{U}$	$\overline{M}$	空间结构指数（*FSSI*）	林分结构距离（*FSSD*）
青杆白桦混交林 Picea wilsonii & Betula platyphylla community	0.515	0.503	0.515	0.393	0.815
青杆红桦混交林 Picea wilsonii & Betula albosinensis community	0.503	0.470	0.534	0.482	0.756
青杆山杨混交林 Picea wilsonii & Populus davidiana community	0.498	0.480	0.480	0.354	0.819

6.3.7 讨论

（1）从一元分布特征看，在青杆白桦混交林、青杆红桦混交林、青杆山杨混交林中，随机分布林木的占比分别为 50.8%、55.3%、55.9%，$\overline{W}$ 分别为 0.431、0.491 和 0.461，青杆种群在青杆白桦混交林和青杆山杨混交林中都为均匀分布格局，在青杆红桦混交林中为随机分布格局，青杆混交林中青杆种群的总体格局为均匀分布向随机分布过渡。陈思等用聚集强度和格局指数对甘肃兴隆山的青杆群落进行研究发现，该区域青杆多为均匀分布，本研究区的青杆混交林分布格局与该研究较一致。这与森林群落分布格局随演替阶段变化的趋势一致，随林龄变化，种群依次呈现聚集分布、均匀分布最后趋向随机分布 [193]，在种内竞争和种间竞争的共同作用下，混交林中的青杆种群形成均匀分布格局，而在生长后期种群分布格局呈现向随机分布格局发展的趋势。$\overline{U}$ 分别为 0.444、0.539 和 0.382 可以看出青杆种群在青杆白桦混交林和青杆山杨混交林中竞争势较强，而在青杆红桦混交林中青杆种群处于中庸偏弱的竞争地位，红桦种群的整体胸径大于白桦种群和山杨种群，且中径木较多，因此竞争势强于白桦种群和山杨种群。$\overline{M}$ 为 0.518、0.468 和 0.389，整体混交良好，青杆山杨群落较差。白桦种群、红桦种群和山杨种群的 $\overline{W}$ 分别为 0.562、

0.512、0.537；$\overline{U}$分别为0.546、0.414和0.655；$\overline{M}$分别为0.433、0.606和0.679，混交良好；白桦种群和山杨种群都为团状分布，在群落中处于竞争弱势地位，由于林分中青杆占绝对优势地位，占据了大部分光照、水热、养分等资源，林分郁闭度极大，不利于阔叶喜光树种的生存，在种子扩散限制和生境压力的共同作用下，白桦和山杨多抱团分布[194-196]。另外，空间分离作用也是物种团状分布的原因，其作用机理是物种的分离格局较少了不同物种间相邻的概率，减少了种间竞争，减缓了竞争优势树种对劣势树种的竞争排除作用，种内聚集可以促进共存[197-198]。

（2）二元分布可以更细微地反映林分特征。混交林中的青杆林木大多为随机分布和均匀分布，同一分化等级的林木随角尺度变化都呈现先变大后变小的趋势，胸径发育受团状分布制约。大多随机分布青杆的混交等级为中度混交或弱度混交。同一分化程度的青杆，处于中度混交状态的林木稍多。伴生树种多为随机分布或不均匀分布，角尺度的分布频率稍向右偏，红桦种群的竞争势较强，随机木中有较多优势木和亚优势木分布，而白桦种群和山杨种群的随机木中多为劣势、绝对劣势木，红桦种群的竞争势强于白桦种群和山杨种群。在伴生种群中，同一混交等级林木，随角尺度变化，分布频率先变大后变小，多为随机分布或不均匀分布林木周围有2～3株其他乔木。同一混交等级下，大小比数变化较均匀无明显规律，二者相关性不强，青杆白桦林、青杆红桦林、青杆山杨林的*FSSI*分别为0.393、0.482和0.354，*FSSD*分别为0.815、0.756和0.819，说明青杆红桦群落结构明显优于其他两种混交林。

6.4 小结

本章节对北山林区不同海拔、不同坡度青杆纯林和典型的青杆混交林（青杆白桦混交林、青杆红桦混交林、青杆山杨混交林）的空间结构特征进行研究，通过量化分析空间结构特征以描述当地青杆纯林和混交林生长的真实状况。从直径结构等非空间结构角度了解青杆纯林和混交群落的基本状况，再从林木分布格局、分化程度等空间结构角度出发，对林分结构特征进行综合分析，为该区域青杆林的可持续经营提供科学依据。

（1）通过对样方内957棵青杆进行调查，得出该研究区青杆平均胸径为

（18.27 ± 0.34）cm，平均树高（15.0 ± 0.21）m，平均年龄为（59.95 ± 1.48）a，结果显示该研究区的青杆林多为中龄林。不同海拔青杆纯林的树高和树龄存在显著性差异，2600 m 海拔青杆林分的胸径呈倒 J 形分布，而 2300 m 海拔青杆林分的胸径呈正态分布。低海拔的树高 [H：（17.04 ± 0.47）m] 显著高于高海拔 [H：（13.56 ± 0.64）m]。高海拔地区的青杆以小径级为主，胸径 ≤ 15 cm 的青杆占比 56%，龄级多分布在 30 ～ 70 a；低海拔地区的青杆径级基本上分布在 15 ～ 30 cm，其占比 88%，龄级分布在 40 ～ 100 a。

（2）青杆纯林直径分布的范围较广，分布均呈左偏，符合异龄林直径分布规律，随径级增大，株数减少，偶有中径级缺失，有特大径木分布，小径木较多，更新情况良好，其中，陡坡的小径木最多，更新状态最好。从一元分布特征看，青杆缓坡、中坡、陡坡林分中随机分布林木比例分别为 61.1%、63.3%、53.2%，$\overline{W}$ 分别为 0.559、0.508、0.491，缓坡林分呈团状分布，中坡和陡坡为随机分布格局。青杆纯整体为随机分布，有轻微团状现象，青杆纯林的分布格局总体良好，只有缓坡坡林分为团状分布。青杆纯林分多在低林层呈聚集分布，随林层增高，在自疏和他疏作用下逐渐随机化，青杆纯林的郁闭度非常高，缓坡林分对光照的竞争更加剧烈，小径木多出现在林隙或林缘，团聚现象更明显。

（3）在青杆混交林研究中，从非空间结构特征来看，青杆白桦群落的树种组成为 7 青杆 +2 白桦 +1 红桦，青杆红桦群落的树种组成为 7 青杆 +3 红桦，青杆山杨群落的树种组成为 8 青杆 +1 山杨 +1 其他，在三种混交林中青杆均为优势种群，占比都在七成以上。乔木层都组成简单，青杆红桦林的灌草层较丰富。这三种混交群落的青杆种群中，胸径分布的离散度都较大，整体偏左分布，小径木较多，随径级增大，株数减少，总体符合天然异龄林的分布规律，其中青杆红桦混交群落中的青杆种群左偏最多。青杆白桦群落中的青杆种群在中径级 16 ～ 20 cm 有缺失，有较多特大径阶林木分布，大径木为砍伐后剩余林木，中小径木为生态保护后更新林木。白桦、红桦、山杨的直径分布较青杆的离散度小，也呈偏左态分布，胸径整体水平都小于青杆，都呈衰退趋势。

（4）青杆纯林角（尺）度随坡度增大逐渐减小，依次为 0.559、0.508 和 0.491，中坡林分、陡坡林分均呈随机分布格局，缓坡林分呈轻微团状分布格局。大小比数分别为 0.500、0.491 和 0.511，不同分化程度林木分布均匀，竞争势良好，均处于中庸状态。林分中最常见的组合为随机分布的青杆周围分布同种乔木或 1 株其他乔木。整体更新状态良好，缓坡林分的小径木较少，人工补植或人工制造林窗的方式促进更新。中坡和陡坡林分以保持原始状态为主。在林分经营应注重青杆的中、大径木的空间结构，以保持青杆的生长优势，减少竞争压力，充分利用天然更新或人工促天然更新的措施提高林分的更新能力，促进林分健康生长。

（5）青杆混交林中，青杆白桦混交林、青杆红桦混交林、青杆山杨混交林中青杆种群的角尺度分别为 0.431、0.491 和 0.461，青杆种群在青杆白桦混交林和青杆山杨混交林中都为均匀分布格局，在青杆红桦混交林中为随机分布格局，青杆混交林中青杆种群的总体格局为均匀分布向随机分布过渡；大小比数分别为 0.444、0.539 和 0.382，青杆种群在青杆白桦混交林和青杆山杨混交林中竞争势较强，而在青杆红桦混交林中青杆种群处于中庸偏弱的竞争地位；混交度分别为 0.518、0.468 和 0.389，青杆种群整体混交良好。混交林中白桦种群和山杨种群呈团状分布格局，且明显处于受挤压状态，生长状态不佳，胸径都较小，红桦种群呈随机分布格局，竞争势较强，生长状况优于白桦种群和山杨种群，整体胸径也更大，青杆红桦混交林群落结构明显优于其他两种混交林。

（6）纯林、混交林中普遍存在大径木偏多的情况，可以以促进更新的方式调整林分直径分布结构。平坡纯林中有轻微团状分布的情况，混交林的青杆种群有部分呈均匀分布，需要以角尺度为依据进行分布格局调整，增加林木分布的随机性。

（7）从林分结构评价指标 *FSSI* 和 *FSSD* 来看，缓坡青杆纯林林分的 *FSSI* 显著大于中坡和陡坡林分，*FSSD* 更小，更接近理想结构，平坡的林分结构更优。但 *FSSI* 和 *FSSD* 是以 W=0.5，U=0，M=1 为理想结构，其中混交度为主要的影响因素，因此对于单优基本接近零度混交的青杆种群不适用。从一元、二元分布特征来看，中坡、陡坡的林分结构良好，平坡林分团聚现象明显，需要一定的抚育手段干预。在青杆混交林中，青杆白桦林、青杆红桦林和青杆山杨林的 *FSSI* 分别为 0.393、0.482 和 0.354，*FSSD* 分别为 0.815、0.756 和 0.819，说明青杆红桦群落结构明显优于其他两种混交林。

7 大通河流域青杆林木生长特征

祁连山地区是国家级森林生态系统自然保护区，作为我国西北地区的生态屏障，其生态环境对于西北地区的发展起着至关重要的作用[199]。同时，祁连山是我国西北地区典型的半干旱区，也是气候变化敏感区和生态脆弱区，青杆作为祁连山林区重要的组成树种，不仅对大通河水文网起到了一定的调节功能，也对山区的水分循环和水量平衡起到了至关重要的作用，在水源涵养及水土保持等方面具有重要的生态价值。青杆在祁连山南坡广泛分布，然而，目前青杆生长方面开展的研究相对匮乏，气候变暖对于不同海拔青杆径向生长的影响仍有待进一步研究。

本章以青海大通河流域互助北山林区青杆天然次生林为研究对象，通过分析青杆胸径、树高和材积的生长过程，探讨不同海拔青杆径向生长对气候变化的响应差异，旨在阐明北山林区青杆的生长规律，为预测胸径、树高和材积生长量随年龄的变化提供理论依据，并揭示北山林区不同海拔梯度下限制青杆径向生长的主要气候因子，明确气候变暖背景下青杆径向生长对气候因子的敏感性和稳定性，研究有利于进一步了解未来气候变化背景下青杆生长的动态变化，为北山林区青杆生长和森林健康经营提供理论和实践依据。

7.1 研究方法

7.1.1 交叉定年与年表建立

首先将处理好的木芯放在双筒显微镜下进行初步定年，判断样芯从树皮到树芯是否存在问题，例如断轮、伪年轮等。初步完成定年后，将扫描后的图片通过 R 语言的 Mtreering 包进行年轮宽度的测定。最后使用 Cofecha 程序检测所有样本定年的准确性，根据检测结果去筛选符合标准的木芯建造可靠的年轮宽度序列。

树木存在生长趋势体现在年龄会影响树轮的宽度变化，即在速生期时树轮较宽，当达到一定年龄后树木的轮宽达到峰值，之后树木轮宽便按一定趋势逐渐变窄，最后趋于稳定。因此在进行树木年轮宽度对于气候变化的响应研究时，应该去除树木年轮生长趋势对于精度的影响。即引入滑动平均和自回归模型来平均计算轮宽，得到的轮宽序列称作标准年表。

本研究运用 R 语言中的 dplR 包进行标准年表的建立，为了研究不同海拔梯度下树轮年表特征的差异，计算以下统计参数以比较两个年表，分别是平均环宽（Mean Width, *MW*），标准差（Standard Deviation, *SD*）、样本总体代表性（Expressed Population Signal, *EPS*）及平均敏感值（Mean Sensitivity, *MS*）等。MS 能够验证不同样方树木年轮间宽窄变化是否相同，如果 MS 较大（大于 0.15），则说明该地区树木生长对于当地气候较为敏感，则年表质量较高 [200]；*SD* 通常被用来表示序列离散程度，树轮的宽窄变化幅度越大则 *SD* 值也越大，这意味着年表中包含的气候信息也就越多；*EPS* 说明的是我们采集的样本对于采样点的代表程度，如果样本总体代表性大于 0.8，即该年表能够代表采样点 [201]。

由于树木一年或几年的径向生长期间容易受到上一年气象因子的影响，存在“滞后效应”，因此采用 R 语言的 treeclim 包计算标准年表与前一年 6 月至当年 9 月各气候因子的 Pearson 相关系数，以期揭示不同海拔条件下限制青杆径向生长的主要气候因子。为了进一步评估径向生长与气候的关系随时间变化的稳定性，将使用 R 语言中的 treeclim 包进行 61 年的滑动相关分析，设定滑动窗口为 20 a，步长为 1 a。最后使用 Origin 2022 软件绘制上述相关关系图。

7.1.2 单木生长模型选取

构建青杆单木胸径、树高和材积生长模型能够为森林健康经营管理提供重要的理论参考。本研究基于青杆解析木的平均胸径、树高、材积和年龄数据，选择以下 4 种生长理论方程对模型进行参数拟合。

（1）理查德方程（Richards）：

$$y = A(1-e^{-rt})^{c} \tag{7-1}$$

式中，y 表示生长量；A 为树木生长的最大值参数；r 为生长速率参数；c 为与同化作用幂指数 m 有关的参数；t 表示树龄。

（2）坎派兹方程（Gompertz）：

$$y = A\mathrm{e}^{-be^{-rt}} \tag{7-2}$$

式中，y 表示生长量；A 为树木生长的最大值参数；b 为初始值有关的参数；r 为内禀增长率参数；t 表示树龄。

（3）逻辑斯蒂方程（Logistic）：

$$y = \frac{A}{1+m\mathrm{e}^{-rt}} \tag{7-3}$$

式中，y 表示生长量；A 为树木生长的最大值参数；m 为初始值有关的参数；r 为内禀增长率参数；t 表示树龄。

（4）二次曲线（Quadratic Curve）：

$$y = A + BT + CT^2 \tag{7-4}$$

式中，y 表示生长量；A、B、C 为随机参数。

7.1.3 气候数据获取与处理

研究区位于青海互助北山林场，由于附近气象站均离样地距离 50 km 以上，不宜采用气象站的数据。为了得到准确的气象数据，本研究根据采样点的地理坐标，采用世界气象组织的数据共享网站（Climate Explorer: Select a monthly field （knmi.nl），逐月栅格点分辨率为 0.5°×0.5° 的数据集，利用 R 语言的 ncdf4 包提取了采样点 1951—2020 年的气象数据（图 7.1）。气象数据包括月均温、月降水、逐月最低温、逐月最高温和帕尔默干旱指数（PDSI）。研究区 69 年来年平均温度呈上升趋势（图 7.2），年降水量则呈波动变化，无明显增减变化趋势。

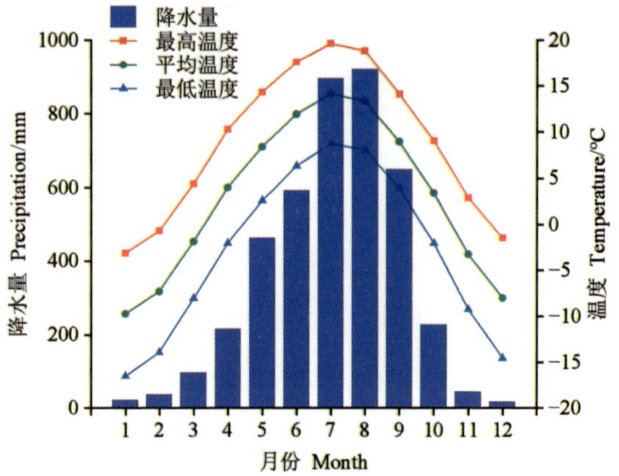

图 7.1 北山林区采样点的气温和降水量（1951—2020）

Fig.7.1 Temperature and precipitation in the sampling sites of Beishan forest area

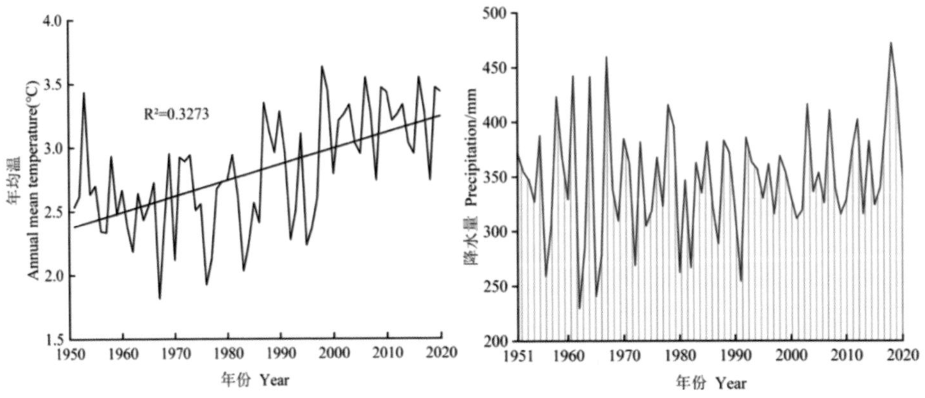

图 7.2　北山林区采样点的气温和降水变化趋势（1951—2020）

Fig.7.2　Trends in temperature and precipitation in the sampling sites of Beishan forest area

7.2 青杆林木生长规律特征

以青海大通河流域中下段的青杆天然次生林为研究对象，通过树干解析的方式探究其生长规律，并拟合出最优的生长模型，模型可用于未来青杆各生长因子增长量的预测，以期为青杆天然次生林的健康经营管理提供科学依据。

7.2.1 青杆树高、胸径及材积生长过程分析

根据实测的解析木数据，以 10 a 为一个龄阶编制青杆树干生长过程总表（表 7.1），分析了青杆的树高、胸径及材积生长过程，并构建了青海大通河流域青杆天然次生林树高、胸径及材积生长数学模型。

7.2.1.1 青杆树高生长过程分析

本研究以 10 a 为一个龄阶绘制树高的生长曲线（图 7.3）。树高作为观测树木生长最直观的指标，随着树龄从 10 a 增加到 80 a，青杆树高由 2.1 m 升高到 14.4 m，表现出持续增加趋势。连年生长量在 80 a 期间变化幅度较大，而平均生长量变化幅度较小。在 0 ～ 10 a，平均生长量和连年生长量相同，连年生长量在 10 ～ 20 a 时落后于平均生长量后，在接下来 20 a 中快速上升并达到一个峰值（0.27 m）。此外，连年生长量在 70 a 时也达到了生长高峰（0.29 m）。

表 7.1 青海大通河流域青杆树干生长过程总表

Table.7.1 Tree growth process of *Picea wilsonii* in Datong River basin of Qinghai

树龄 Age(a)	树高 Tree height（m）			胸径 DBH（cm）			材积 Volume（m^3）				形数 Form factor
	总生长量 Total growth	平均生长量 Average growth	连年生长量 Annual growth	总生长量 Total growth	平均生长量 Average growth	连年生长量 Annual growth	总生长量 Total growth	平均生长量 Average growth	连年生长量 Annual growth	生长率 Growth rate（%）	
10	2.1	0.210	0.21	1.15	0.115	0.115	0.000329	0.000030	0.000030	40.00	1.51
20	2.7	0.135	0.06	4.62	0.231	0.347	0.003135	0.000157	0.000281	32.39	0.69
30	4.5	0.150	0.18	7.01	0.234	0.239	0.014122	0.000471	0.001099	25.47	0.81
40	7.2	0.180	0.27	10.42	0.261	0.341	0.035539	0.000888	0.002142	17.25	0.58
50	8.8	0.176	0.16	13.01	0.260	0.259	0.066511	0.001330	0.003097	12.14	0.57
60	10.4	0.173	0.16	15.29	0.255	0.228	0.094020	0.001567	0.002751	11.50	0.49
70	13.3	0.190	0.29	17.57	0.251	0.228	0.145632	0.002080	0.005161	8.61	0.45
80	14.4	0.180	0.11	19.97	0.250	0.240	0.263124	0.003289	0.011749	6.85	0.58

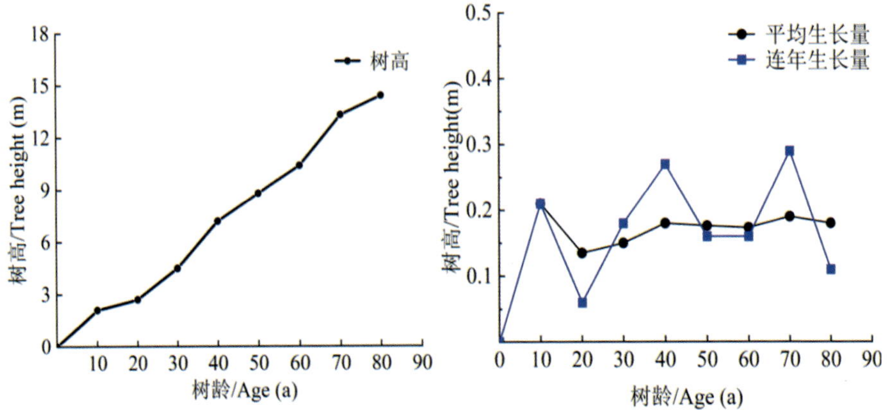

图 7.3　树高生长曲线

Fig.7.3　The height growth curve

7.2.1.2 青杆胸径生长过程分析

本研究以 10 a 为一个龄阶绘制胸径的生长曲线（图 7.4）。胸径作为测定树木生长的重要指标，随着树龄从 10 a 增加到 80 a，青杆胸径由 4.62 cm 增加到 19.97 cm，并且在 80 a 时径向生长仍在继续。在 0 ～ 10 a，胸径的平均生长量和连年生长量相同（0.115 cm）；在 10 ～ 30 a 连年生长量增加的速度较快，其值大于平均生长量，并且连年生长量达到最高峰（0.347 cm）的时间比平均生长量早，青杆胸径的连年生长量在 20 a（0.347 mm）和 40 a（0.341 mm）出现了两次明显的高峰值；在 50 a 时两者的值相等（0.26 cm）；在 50 ～ 80 a 期间，连年生长量的值均小于平均生长量。

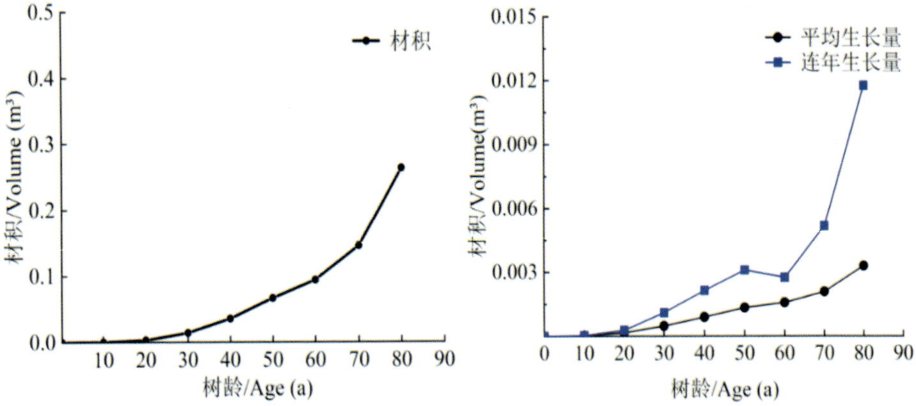

图 7.4　胸径生长曲线

Fig.7.4　DBH growth curve

7.2.1.3 青杆材积生长过程分析

本研究以 10 a 为一个龄阶绘制材积的生长曲线（图 7.5）。材积是衡量木材产量的重要指标，随树龄从 10 a 增加到 80 a，青杆材积从 0.000329 m^3 增加到 0.263 m^3，0 ～ 20 a 期间。平均生长量和材积生长量接近，但 30 a 后连年生长量迅速增长，均高于平均生长量。连年生长量和平均生长量在 80 a 时尚未达到峰值，分别是 0.011749 m^3 和 0.003289 m^3。两者在 80 a 期间内均无交点，据表明青杆的数量成熟龄在 80 a 之后。

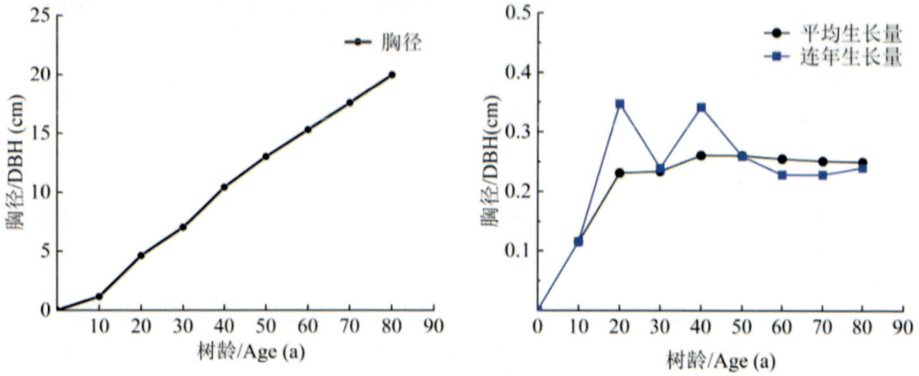

图 7.5　材积生长曲线

Fig.7.5　Volume growth curve

7.2.2 青杆树高、胸径和材积生长数学模型建立

本章利用 Fostat 和 Origin 2022 软件选取了 4 种常用的生长模型对青海大通河流域青杆的树高、胸径及材积的总生长量（表 7.2）进行了拟合，结果显示，理查德模型在树高、胸径及材积生长过程拟合均取得很好的效果，达到了 0.99。因此采用理查德方程作为树高生长预估模型，拟合方程式如下：

$$H = 270.1862 \times (1-e^{-0.001 \times T})^{1.1414},\ R^2=0.9926$$

$$D = 31.7334 \times (1-e^{-0.0172 \times T})^{1.6316},\ R^2=0.9986$$

$$V = 0.5392 \times (1 - e^{-0.9991 \times T})^{1},\ R^2=0.9999$$

式中，*H* 为树高；*D* 为胸径；*V* 为材积；*T* 为林龄。

表 7.2　青杆胸径、树高及材积数学模型的拟合结果

Table.7.2　Fitting results of the mathematical model for the DBH, height and volume of *Picea wilsonii*

生长因子 Growth factors	数学模型 Mathematical model	拟合参数 Fitting parameters	相关系数 Correlation coefficient
树高 Tree height（m）	理查德 Richards	A=270.1862, B=0.001 C=1.1414	0.9926
	二次曲线 Quadric Curve	A=0.0157, B=0.1536, C=3.9069	0.9924
	逻辑斯蒂 Logistic	A=16.4289, B=47.0981, C=0.0579	0.9889
	坎派兹 Gompertz	A=20.9356, B=44.4667, C=0.0281	0.9923
胸径 DBH（cm）	理查德 Richards	A=31.7334, B=0.0172, C=1.6316	0.9986
	二次曲线 Quadric Curve	A=-0.7186, B=0.2762, C=-1.9285	0.9955
	逻辑斯蒂 Logistic	A=20.5357, B=41.1851, C=0.0678	0.9878
	坎派兹 Gompertz	A=23.5726, B=35.4832, C=0.0371	0.9955
材积 Volume（m^3）	理查德 Richards	A=0.5392, B=0.9991, C=1.0000	0.9999
	二次曲线 Quadric Curve	A=0.0101, B=-0.0019, C=5.9853	0.9734
	逻辑斯蒂 Logistic	A=3.1281, B=1.2847, C=4.8941	0.7074
	坎派兹 Gompertz	A=13.0213, B=1.9726, C=1.1257	0.7087

为了验证所建立的数学模型的精度，以 10 a 为一个龄阶，将不同龄阶代入所建立的胸径、树高及材积模型，计算出三者的预测值，并与解析木数据的实测值进行比较。如表 7.3 所示，实测值与预测值的残差值较小，说明两者的数值接近，随着树龄的增加，实测值和预测值愈加接近。这说明胸径、树高及材积生长数学模型精度合格。

表 7.3　青杆各生长因子的生长模型实测值和预测值比较

Table.7.3　Comparison of measure and predict values of the growth model for growth factors of *Picea wilsonii*

	胸径 DBH（cm）			树高 Tree height（m）			材积 Volume（m^3）		
树龄 Age（a）	实测值 Measure value	预测值 Predict value	残差 Residual	实测值 Measure value	预测值 Predict value	残差 Residual	实测值 Measure value	预测值 Predict value	残差 Residual
10	1.15	1.56	−0.41	2.1	1.43	0.67	0.00033	0.00027	0.000665
20	4.62	4.25	0.37	2.7	3.13	−0.43	0.00313	0.00262	0.000511
30	7.01	7.22	−0.21	4.5	4.94	−0.44	0.01412	0.01005	0.004070
40	10.42	10.18	0.24	7.2	6.82	0.37	0.03554	0.02601	0.009530
50	13.01	12.96	0.05	8.8	8.75	0.05	0.06651	0.05425	0.012260
60	15.29	15.49	−0.20	10.4	10.72	−0.31	0.09402	0.09878	−0.004760
70	17.57	17.76	−0.19	13.3	12.70	0.59	0.14563	0.16372	−0.018080
80	19.97	19.76	0.21	14.4	14.71	−0.31	0.26312	0.25333	0.009800

7.2.3 讨论

本章采用理查德方程作为北山林区青杆天然次生林的生长模型，许多研究也表明理查德曲线是预测树木生长过程的最优模型，例如有研究表明理查德模型是预测麻栎次生林和楸树人工林材积的最优生长模型[202-203]；理查德模型也常常被用来作为胸径的预测模型，钟连香等人利用广东琼楠人工林的解析木数据对其进行了生长曲线拟合，结果表明胸径最优模型为理查德模型[204]；廖美振等人选取 4 个生长模型对红心杉进行生长模型的拟合，结果表明理查德为胸径、树高和材积的最佳拟合模型[205]；贺鹏等人选取 9 个生长模型对马尾松和杉木进行林分断面积生长模型的拟合，拟合结果表明马尾松和杉木林分断面积最优生长模型都是理查德模型[206]。在大量林木生长规律分析中，理查德模型被认为是适用性广的一类生长预测模型，坎派兹模型和逻辑斯蒂模型被认为是理查德模型的特殊推导形式。上述研究表明，理查德模型在拟合树木各生长因子例如胸径、树高、材积和林分断面积均具有优越性，与本研究结果相符。但本研究也存在不足，在模型选择方面多为前人常使用的生长理论模型，无法解释其中一些参数的生物学原理，并且未将竞争、立地等因子纳入模型构建中，因此在未来研究中要结合青杆的生物学特性和其他因子进行全方位的生长过程分析，以此提高生长预测模型的精度。目前对青杆生长模型方面的研究较少，其原因一方面可能是青杆作为中国的特有种，在全国分布范围较少，而青海云杉分布较多，并且青杆与青海云杉为同属植物，因此大多都是开展青海云杉的生长研究。另一方面自从国家实施天然林保护计划以来，青杆天然次生林的解析木研究难以开展。因此青杆生长模型方面的资料相对缺乏。青杆作为北山林区的重要组成树种，占针叶林总面积的 26.68%，其生态和社会经济效益作用显著，建立青杆天然次生林生长模型，不仅对研究北山林区青杆树木生长发育有重要作用，还可以为未来青杆天然次生林经营管理提供理论依据。

本研究中，80 a 时青杆材积连年生长量和平均生长量均未出现交点和明显的高峰值，尚未达到数量成熟龄，这与聂稳等人的研究结果一致[207]，云杉属树种材积生长率速率较低，在 50 a 或 100 a 仍未达到生长量最高峰，因此无法判断数量成熟龄。青杆胸径的连年生长量和平均生长量到达生长高峰的时间快于树高，这与白文斌等对川西云杉的研究结果相近[208]。树木的生长在不同的年龄会有不同的变化，在本研究中青杆胸径生长前期生长快，后期生长慢，表现为 0 ~ 20 a 为快速生长期，20 a 后生长速度逐渐减慢，由此说明 0 ~ 20 a 是青杆胸径的速生期，这与白杆、云杉、丽江云杉、红心杉和川西云杉的生长规律类似[205]、[207-208]。因此，本研究认为在幼龄时期，青杆胸径增长速度较快，在进入中龄林阶段后，胸径平均生长量和连年生长量速度放缓，趋于平稳，这可能是由于林分内树木对光照、水分及养分的竞争加剧，因此青杆胸径速生期后，可以采取一些经营措施如抚育间伐、修枝、修冠等适当降低密度，保持胸径增长速度。值得注意的是，青杆树高连年生长量和平均生长量在 80 a 调查期中存在波动现象，大体呈现 S 型曲线增加，这可能是由于人为干扰或气候变化等原因导致的，具体原因有待进一步研究。

7.3 不同海拔青杆径向生长对气候变化的响应

青杆作为北山林区重要的组成树种，占针叶林总面积的 26.68%，具有重要的生态和社会价值。为了探究升温对北山林区不同海拔青杆径向生长的影响，本研究利用海拔 2300 m 和 2600 m 左右的青杆年轮宽度数据，分析不同海拔梯度下限制青杆径向生长的气候因子，并揭示这种限制关系是否长期稳定，以期更好的理解气候变暖背景下北山林区青杆林动态变化趋势，从而更好的为森林健康经营管理提供科学依据。

7.3.1 不同海拔青杆标准年表特征比较

两个海拔青杆的标准年表统计特征如表 7.4 所示。其中，信噪比（Signal-to-noise ratio, *SNR*）用来表示年表的气候信息含量，*SNR* 值越大代表气候信息含量越多；样本总体代表性（Express population signal, *EPS*）是判断样本是否具有代表性的一个重要指标，一般来说，*EPS* 大于 0.8 数据才可靠，若 EPS 越大，说明样本越具有代表性；一阶自相关系数（Autocorrelation order 1, *AC*1）体现的是年轮宽度受到上一年气候因子影响的大小，*AC*1 值越大，则表明去年的气候对年轮宽度的影响越大；标准差（standard deviation, *SD*）也用来表示年表的气候信息含量，*SD* 值越大则所含气候信息量越多；平均敏感度（Mean sensitivity, *MS*）常被用来判断标准年表统计质量的好坏，年表的 MS 值越大表明气候对年轮宽度的限制作用越强。

两个年表的轮宽指数图（图 7.6），两个年表的年轮指数在 2000 至 2021 年期间都有显著增加，2300 m 地区青杆的轮宽指数由 2000 年的 0.944 mm 增加到 1.343 mm，2600 m 地区青杆的轮宽指数由 1.044 mm 增加到 1.341 mm。

2600 m 海拔的 SD 和 SNR 均大于 2300 m 海拔的年表（表 7.4），说明高海拔年表包含的气候信息较多；2300 m 的 *AC*1 大于 2600 m 海拔的年表，表明 2300 m 海拔的青杆的径向生长更容易受到前一年气候的影响；两者的 *EPS* 均高于 0.8，说明两个年表均具有代表性，能够代表采样点；两者的 *MS* 值较大，均大于 0.15，说明该地区的青杆生长对当地气候较为敏感，开展树木生长与气候关系的研究具有重要意义。

表 7.4　青杆标准年表的主要统计特征

Table.7.4　Main statistical features of the standard chronology of Picea wilsonii

统计指标 Statistical index	2300 m	2600 m
样本量 Total number of series	83	93
序列长度 Chronology time span	1914—2021	1907—2021
平均轮宽 Mean ring width	0.935	0.991
平均敏感度 Mean sensitivity	0.297	0.281
标准差 Standard deviation	0.149	0.262
一阶自相关系数 Autocorrelation order 1	0.627	0.523
样本总体代表性 Express population signal	0.805	0.836
信噪比 Signal-to-noise ratio	4.118	5.095

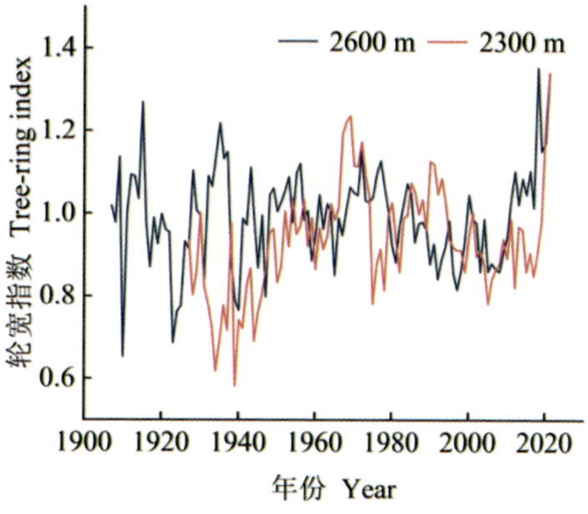

图 7.6　不同海拔标准年表年轮指数变化

Fig.7.6　Variation of the tree–ring index of the standard chronology at different elevations

7.3.2 不同海拔青杆生长对降水的响应差异

干旱指数即帕尔默干旱指数（*PDSI*）常被作为客观合理的指数来定量描述干旱的程度。如图 8-6 所示，2600 m 海拔梯度下青杆的轮宽指数与干旱指数在上一年 6 月至当年 9 月都呈现负相关，其中在上一年 6 月、7 月、11 月和 12 月呈现显著性负相关。此外，该海拔的轮宽指数与降水在上一年 6 月和当年 3 月呈现显著正相关，结果表明充足的水分能够促进高海拔地区青杆的径向生长。

2300 m 海拔梯度下青杆的轮宽指数在上一年 6 月至当年 4 月与干旱指数呈现正相关，与降水呈现负相关，但是当进入当年 4 月生长季后，与降水呈现正相关并与干旱指数呈现负相关。总体而言，高海拔地区的青杆在春季和夏季这些生长季时与水分要素的相关性更强，而低海拔地区的青杆与水分要素相关性较弱。

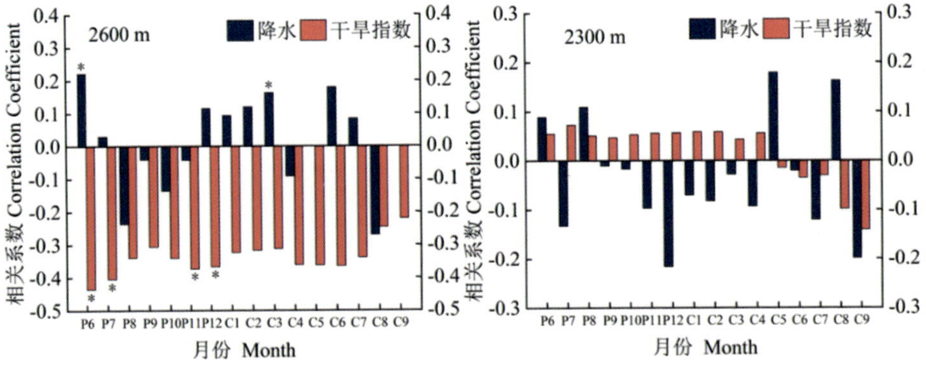

图 7.7　不同海拔青杆标准年表与水分要素相关分析

Fig.7.7　Correlation analysis between standard chronology and moisture elements of *Picea wilsonii* at different elevations

注：P 和 C 分别表示去年和当年，* 表示显著相关月份。

Note: P and C represented previous and current year, respectively. * indicates significantly related month.

7.3.3 不同海拔青杆生长对温度的响应差异

如图 7.8 所示，2600 m 海拔梯度下青杆的轮宽指数在上一年 6 月至 9 月与温度呈现正相关，其中与平均温在上一年 6 月呈现显著性正相关，与上一年 11 月至 12 月的最高温呈显著负相关，表明冬季时最高温的升高会抑制高海拔地区青杄的径向生长。此外，轮宽指数在当年的 1 月至 8 月都与温度呈现正相关，尤其在当年的二月和六月与平均温和最低温呈现显著正相关，表明在春季和夏季时温度的升高能够促进高海拔地区青杄的径向生长。

2300 m 海拔梯度下青杄的轮宽指数在上一年 6 月至 11 月与温度呈现负相关，其中在上一年 6 月时与最高温呈现显著负相关。进入冬季时即上一年的 12 月至当年 1 月，与温度呈现正相关，最后在当年的 2 月至 9 月与温度大体上呈现负相关，其中在当年 6 月与最低温和平均温呈显著负相关，上述结果表明在夏季时，温度的升高会抑制低海拔地区青杄的径向生长，与高海拔地区的青杄呈现了不同的结果。

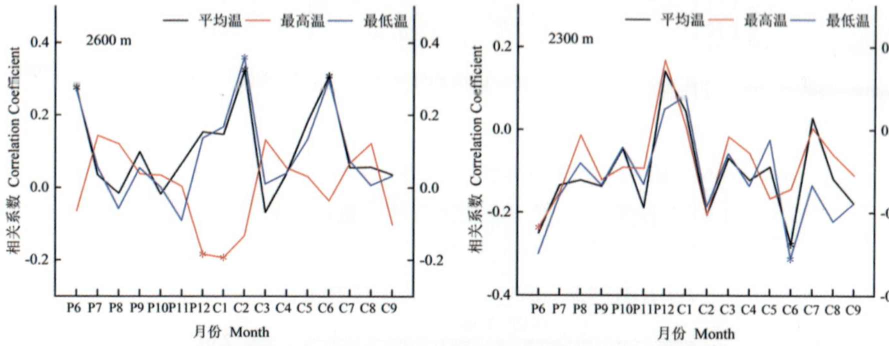

图 7.8 不同海拔青杄标准年表与温度要素相关分析

Fig.7.8 Correlation analysis between standard chronology and temperature elements of *Picea wilsonii* at different elevations

注：P 和 C 分别表示去年和当年，* 表示显著相关月份。

Note: P and C represented previous and current year, respectively, * indicates significantly related month.

7.3.4 不同海拔青杄生长与水分要素的时间稳定性

经过归一化处理后，1959 至 2020 年间的水分要素滑动相关分析表明（图 7.9），2600 m 海拔梯度下青杄的轮宽指数与上一年 6 至 8 月的干旱指数在 1989 年以前呈现负相关，但在 1989 年后其相关性逐渐减弱。在其余时间段内即上一年 9 月至当年 9 月，两者的相关性变化较为稳定。轮宽指数与降雨量的相关性在 61 年期间变化较为稳定。在上一年的 7 月至 8 月，两者呈现负相关关系。此外，两者在当年的三月一直保持较强的负相关关系。在当年的 8 月，轮宽指数与降雨的相关性自 1999 年后由负相关逐渐转变为正相关。

2300 m 海拔梯度下青杄的轮宽指数与降水的相关性如图 7.10 所示。整体而言，轮宽指数与干旱指数的相关性在1959至2020年间变化较为稳定。轮宽指数与上一年7月至9月的干旱指数呈现较强的正相关性，其中在1971年至1993年与干旱指数呈现出显著正相关关系，而轮宽指数与当年5月至9月的干旱指数呈现出较强的负相关性。轮宽指数与降雨量在61年的滑动分析中表现出较大的年际波动，两者在上一年6月和当年9月都由负相关逐渐转变为正相关。相反的是，两者在当年3月至5月由正相关逐渐转变为负相关。

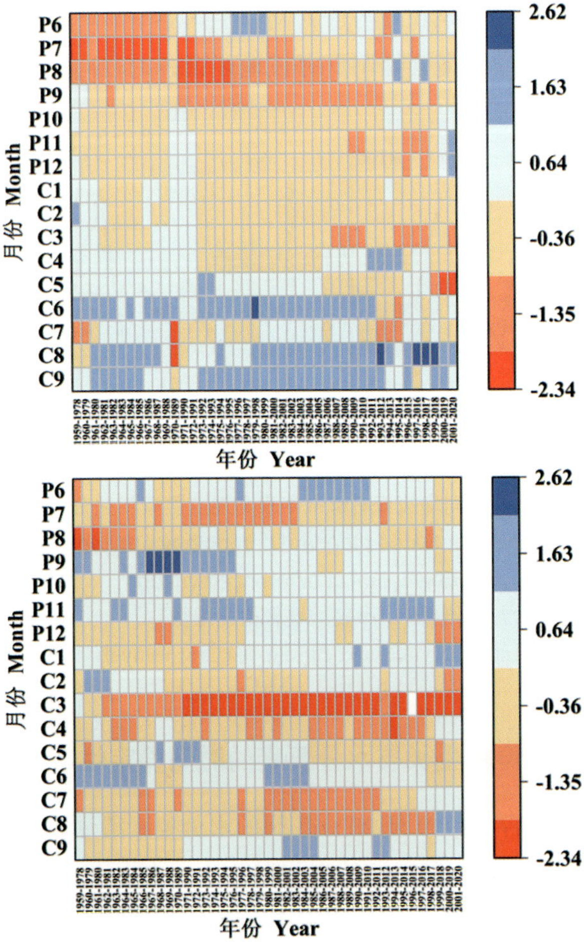

图7.9 2600 m海拔梯度青杆标准年表与干旱指数及降水的61年滑动相关分析

Fig.7.9 61 years moving correlation analysis of standard chronology with drought index and precipitation for Picea wilsonii at 2600 m elevation.

注：P和C分别表示去年和当年。上图代表干旱指数，下图代表降雨量。

Note: P and C represented previous and current year, respectively. The upper graph represents drought index, the lower graph represents precipitation.

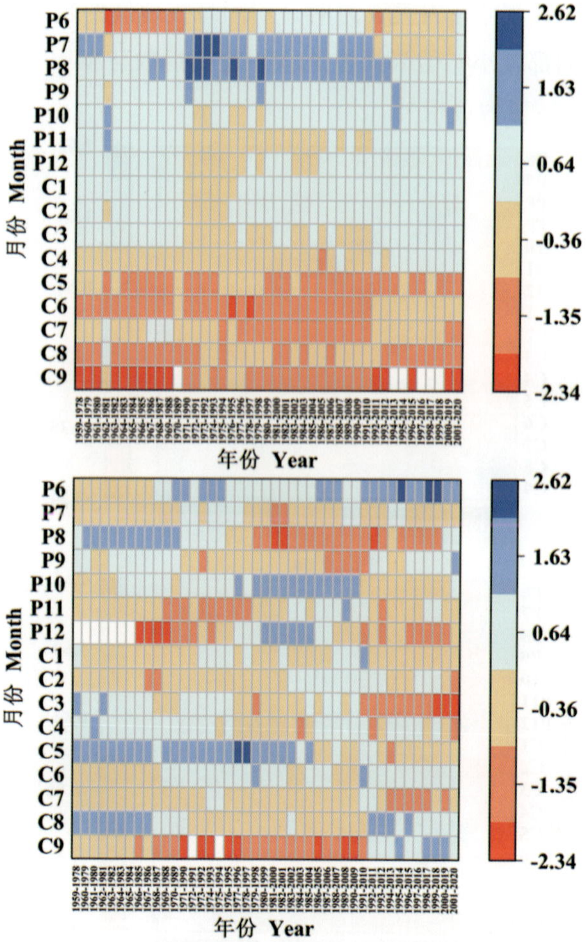

图 7.10 2300 m 海拔梯度青杆标准年表与干旱指数及降水的 61 年滑动相关分析

Fig.7.10 61 years moving correlation analysis of standard chronology with drought index and precipitation for Picea wilsonii at 2300 m elevation.

注：上图代表干旱指数，下图代表降雨量。

Note: The upper graph represents drought index, the lower graph represents precipitation.

7.3.5 不同海拔青杆生长与温度要素的时间稳定性

不同海拔梯度青杆的轮宽指数与平均温度的 61 年滑动相关分析如图 7.11 所示。2600 m 和 2300 m 海拔梯度下青杆的轮宽指数在上一年 6 月至 8 月与平均温大体呈负相关性，其中低海拔地区呈现出更强的负相关性，但随着年份的递增，两者的相关性逐渐减弱。上一年 9 月至 11 月期间，高海拔地区青杆的轮宽指数与平均温多呈现出较高的正相关性，而低海拔地区相反，呈现出较低的负相关性。在当年 1 月至 7 月时，不同海拔地区的轮宽指数与平均温的相关性年际波动都较小，但高海拔地区的轮宽指数与当年 8 月至 9 月的平均温由正相关逐渐转变为负相关。

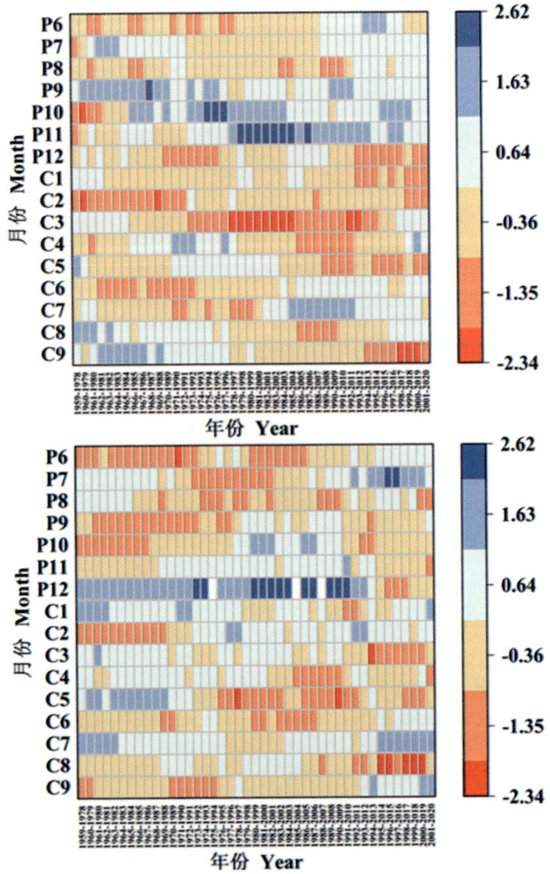

图 7.11　不同海拔梯度青杆标准年表与平均温度的 61 年滑动相关分析

Fig.7.11　61 years moving correlation analysis of standard chronology with average temperature for Picea wilsonii at different elevations.

注：上图代表 2600 m 海拔，下图代表 2300 m 海拔。

Note: The upper graph represents 2600 m altitude, the lower graph represents 2300 m altitude.

7.3.6 讨论

两个不同海拔青杆年表的统计特征都表现出一定的海拔依赖变化，考虑到两个海拔的林分密度、坡向等大致相似，排除了这些因素对树木生长的影响。一般来说，随着海拔的升高，平均敏感度、平均轮宽会随之降低，这个在以往研究中也有出现过[209–210]，其原因可能是高海拔地区较低的温度和较短的生长季节可能导致树木表现出较低的代谢率来适应环境[211]，与过往研究不同的是，本研究中不同海拔的平均轮宽并未随着海拔的升高而降低，其原因可能是调查点内低海拔地区的青杆年龄（70 a）大于高海拔地区的青杆（48 a）。

通过分析不同海拔青杆的径向生长与水分要素的相关性关系，发现高海拔地区青杆的径向生长较低海拔地区在生长季时更依赖水分要素，水分越充足越能促进高海拔地区青杆的径向生长。这与其他研究的看法不同，如有研究认为低海拔地区的树木径向生长主要受到水分要素的限制，而随着海拔的升高，树木径向生长更容易受到低温的限制[210]、[212]。低海拔青杆的径向生长对水分要素不敏感而高海拔青杆的径向生长反而对水分更敏感的原因可能是高海拔地区所在的坡度（45°）大于低海拔地区的坡度（30°）。坡度作为次于海拔的另一个重要地形因子，其变化影响着土壤持水量的大小，从而影响了植被生长发育过程中对水分的需求，平缓地区的土壤持水能力优于陡峭地区[213]，在祁连山半干旱地区，土壤含水量是影响植物生长的重要因素[214]，有研究表明土壤中水分含量越充足越有利于青海云杉的生长[215]。高海拔地区的坡度较陡，土壤的持水能力较差，因此高海拔地区青杆的径向生长更依赖上一年 6 月和今年 3 月的降水来保证其生长。高海拔地区青杆的径向生长与上一年 6 至 7 月的干旱指数呈现显著负相关，这也能佐证高海拔地区青杆的径向生长更依赖于水分要素。

高海拔地区青杆的径向生长与上一年 6 月、当年 2 月和 6 月的温度呈显著正相关（图 8–7）；低海拔青杆径向生长与当年 6 月温度呈显著负相关。随着海拔的升高，温度会随之降低，青杆径向生长与温度的负相关也随着海拔的升高逐渐转变为正相关，升温对高海拔地区的树木生长具有积极影响。温度较高，可能会促进雪的提前融化和土壤的快速升温，从而延长无雪生长季节[216]。较暖和的冬季可以防止叶子受损[217]，并保护土壤不受深层霜冻的影响，深层霜冻可能推迟解冻时间，缩短生长季节[218]。当年 3 月和 6 月的降水对高海拔地区树木生长产生积极影响，但是，3 月和 6 月的过度降水往往伴随着较低的温度，这可能会导致高海拔地区树木的生长季节变短。因此，高海拔地区的树木生长主要由较低的温度控制，而生长季节前的降水则以其间接效应影响树木生长。

低海拔地区青杆的径向生长与上一年 6 月的最高温和当年 6 月的平均温和最低温呈显著负相关（图 8–7 所示），其原因可能是夏季高温促进了蒸腾作用并引起水分亏缺，为了应对水分的减少，树木会将气孔闭合来避免进一步失水[219]，但是，随着气孔的关闭，树木光合作用会减弱并减少碳吸收，从而限制树木的生长[220]。这与他人的研究结果相似，例如有研究表明祁连山东部的青海云杉径向生长与上一年 7 至 8 月的温度呈现显著负相关，而与上一年 8 月降水呈显著正相关，表明青海云杉生长受到夏季水分的限制[218]。其他研究也表明，夏季高温是限制青海云杉径向生长的主要气候因素[221–222]。此外，低海拔地区青杆的径向生长与上一年 12 月的最低温和最高温呈正相关，其原因可能是在生长季结束后，最低温度的升高有利于延长生长季，促进树木的径向生长[223]。

通过 1959 至 2020 年间的水分、温度要素滑动相关分析，我们发现高海拔地区青杆的径向生长在当年 8 至 9 月与降水的移动相关性呈现出逐渐上升的趋势，这可能是由于在过去几十年中这些月份在持续的变暖[224]，随着夏季温度的增加，可能增加了树木的蒸腾作用或呼吸作用，从而导致了树木生长对于降水需求的增加。由图 5–6 可得知高海拔地区的青杆在当年 8 至 9 月份与温度的相关性呈现出逐渐下降的趋势，其验证了我们的想法，这与相关研究结果一致，在显著升温后，祁连山东部高海拔青海云杉的径向生长与温度呈显著负相关，但与当年 2 月的相对湿度由升温前的不显著负相关转变为显著正相关。

基于上述分析，升温会导致北山林区青杆径向生长对气候的响应发生变化，此外海拔会影响北山林区的青杆气候与生长的关系。Yang 等人认为温度或降水在控制树木生长方面的重要性很可能取决于该地区的总体气候[225]，相对干旱的条件可能推动了祁连山树木生长与气候的关系一致和连贯的年际变化。Dittmar 等人认为，不同的气候与生长关系很可能是为了应对海拔梯度的区域气候变化和地点的地理变化而产生的[226]。此外，Fang 等人指出，大的海拔梯度将导致兴隆山树木的气候与生长关系发生变化[227]。在我们的研究中，由于互助北山林区相对湿润的条件，加上青杆林相对广泛的海拔范围，可能是导致北山林区青杆的气候与生长关系沿海拔梯度变化的原因。

7.4 小结

本章以青海大通河流域中下段的青杆天然次生林为研究对象，分海拔调查了 8 个样方，对不同海拔各径级的青杆进行了木芯的采集，对 4 株青杆倒木进行了树干解析。采用树木年轮学的方法，阐明了北山林区青杆胸径、树高及材积生长规律，采用年轮气候学的方法，分析了不同海拔限制青杆径向生长过程的主要气候因子及其稳定性，以期为北山林区青杆天然次生林健康经营管理提供理论基础。主要结论如下：

（1）青杆胸径连年生长量在 20 a 时达到生长高峰（0.347 cm），而平均生长量在 40 a 时达到高峰（0.261 cm）；树高的连年生长量和平均生长量在 70 a 时均达到生长高峰，分别是 0.29 m 和 0.19 m；材积的连年生长量和平均生长量在 20 a 后均快速增长，并且连年生长量均高于平均生长量，在 80 a 统计期末材积生长量仍未达到生长高峰，材积连年生长量和平均生长量尚未相交，这表明青杆在 80 a 时还未达到数量成熟龄。对比分析后优选理查德曲线作为青海大通河流域青杆天然次生林胸径、树高和材积的生长预估模型，拟合方程式分别如下：

$$H = 270.1862 \times (1-e^{-0.001 \times T})^{1.1414},\ R^2 = 0.9926$$

$$D = 31.7334 \times (1-e^{-0.0172 \times T})^{1.6316},\ R^2 = 0.9986$$

$$V = 0.5392 \times (1-e^{-0.9991 \times T})^{1},\ R^2 = 0.9999$$

式中，H 为树高；D 为胸径；V 为材积；T 为林龄。

（2）不同海拔青杆径向生长与气候因子的响应关系存在差异，水热条件好会促进高海拔地区青杆的径向生长，而夏季高温会抑制低海拔地区青杆的径向生长。高海拔地区的青杆的径向生长与上一年 6、7、11 和 12 月的干旱指数呈显著负相关，与上一年 6 月和当年 3 月的降水呈显著正相关，这表明充足的水分能够促进高海拔地区青杆的径向生长。低海拔地区青杆的径向生长与水分要素的相关性较弱，在当年的 5 月至 9 月与干旱指数呈现负相关关系，表明夏季高温时，径向生长会受到水分的限制；高海拔地区青杆的径向生长与上一年 6 月、当年的 2 月和 6 月的温度呈现显著正相关关系，这表明生长季的温度对于高海拔地区青杆的径向生长起到关键作用。相反的是，低海拔地区青杆的径向生长与上一年 6 月和当年 6 月的温度呈显著负相关，这表明夏季的高温会显著限制低海拔地区青杆的径向生长，但低海拔地区青杆的径向生长与上一年 12 月的温度呈正相关，这表明冬季低温时，温度的升高能够延长其生长季，促进径向生长。

（3）通过 1959 至 2020 年青杆的径向生长与气候要素的滑动相关分析结果表明，61 年期间限制高海拔地区青杆径向生长的气候因子发生了改变，低海拔地区温度和水分对青杆生长的影响具有“滞后效应”。高海拔地区青杆的径向生长与上年6月至8月的干旱指数由高负相关性逐渐减弱，并且与当年8月的降水由负相关转变为正相关，而与当年8至9月的温度从正相关转变为负相关，这表明夏季时，限制高海拔地区青杆径向生长的气候因子由温度逐渐转变成降水；低海拔地区青杆的径向生长与上一年6月的温度和降水由负相关逐渐转变为正相关，表明低海拔地区青杆的径向生长更容易受到上一年水分和温度的限制，气候因子对青杆径向生长的影响具有滞后性。

8 青杆林经营模式和技术

森林在维持陆地生态圈的稳定及丰富物种多样性等方面起着重要的作用，是实现可持续发展的重要基础。森林健康是森林可持续经营和管理的最终目的，其通常指森林生态系统在人为经营和自然演替过程中保持的一种良好状态。因地制宜地制定森林经营目标和措施是实现森林健康的前提，合理的经营方案必然是基于对森林立地条件及生活状况的全面分析。

青海大通河流域青杆天然次生林作为本地和周边地区生态屏障的重要组成部分，与周边区域的森林共同构成了大通河流域特殊的"绿色王国"，具有重要的生态价值。大部分青杆天然次生林属于原始林和次生林之间的过渡状态，是受到人为干扰后自然恢复的林分，具有原始林的林分结构特征，树种组成以青杆为主，有少量的先锋树种例如白桦、红桦及山杨等。林木空间分布格局以随机分布和团状分布为主，林下更新良好。因此，在经营时通过生态抚育等手段将结构不合理的林分逐渐调整为林分结构稳定、生态服务功能完善、林分生产力高的健康森林。本章根据该地区青杆天然次生林的空间和非空间结构特征，并结合生长规律和更新状况，提出适用于青海大通河流域青杆天然次生林的健康经营技术。

8.1 经营模式选择

森林经营的目标是将林分调整为能够最大限度满足人类需要且健康稳定的高质量天然林。森林经营就是要将结构不合理的林分，通过生态抚育等手段，逐渐调整为林分结构稳定、生态服务功能完善、林分生产力高的健康森林。对于非生态敏感区且地势平缓的林地，人们期望其在生物多样性保护，生物量固碳等方面起到积极作用，而对于生长在生态敏感区、陡坡的林地，由于立地条件差、水土流失严重、土层薄等因素，其经营目的与平坡地区的林地不同，而是希望这些森林能够具有水土保持、水源涵养、防风固沙等生态功能。因此，必须从地理区域或景观层面对所在地的森林进行经营判断和经营决策，甚至对具体林分经营迫切性进行评价并给出具体的经营方案。本文通过对青海大通河流域北山林区青杆林群落系统调查及研究的基础上，提出一套有科学依据、定量化及可操作性强的青杆林健康经营技术模式。通过经营技术模式对青杆林的林分结构调整及优化，青杆林的可持续经营，逐步实现青海大通河流域北山林区青杆林经营的生态效益、社会效益及经济效益的目标，对提高青海大通河流域青杆林的经营水平和经营效益具有现实的指导意义。

8.1.1 森林健康经营的理论基础

8.1.1.1 森林健康经营

森林健康经营首先是由美国在 20 世纪后期提出并发展起来的森林健康经营理念。所谓森林健康经营就是采取人工干扰或促进自然修复的措施，诱导森林生态系统结构和功能向健康状况转变，提高维护森林生态系统的稳定性、生物多样性，自我调节和更新能力，满足现在和将来的多种需求[228]。

森林健康经营的基本内涵是通过对森林的科学经营，提高森林生态系统的稳定性、生物多样性，增强森林自身抵抗各种自然灾害的能力，满足现在和未来人类所期望的多目标、多价值、多用途、多产品和多服务的需要。森林健康经营的实质在于使森林具有良好的自我调节能力，并有保持森林生态系统稳定性的能力，从而最大最充分地持续发挥其经济、生态和社会效益。

随着人们生态意识及生态素养的提高，森林健康经营受到了广泛的关注，人们也逐渐意识到了健康森林的重要性，它直接影响着全球生态环境，也关系着人类的生存和发展。近年来，由全社会参与的植树造林活动，已经使森林面积迅速增加、森林覆盖率不断提高[229]。

8.1.1.2 森林健康经营理念

森林健康经营理论是可持续发展思想指导下新的森林经营理论，是森林利用、保护和管理的新理论和新方法。森林健康经营理念和技术是当前国际园林绿化热点，该理念最早由德国及美国提出，旨在通过合理的森林经营，使森林在保持稳定性和多样性的同时，持续满足人类对森林的自然、社会和经济需求[230]。

森林健康经营理念符合现代林业经营，是林业可持续发展的重要内容之一。它通过对森林正确的管理，按照自然的进程，维护森林生态系统的稳定性、生物多样性、对灾害性破坏的自我调节能力，减少因火灾病虫害及环境污染、人为过度采伐利用、自然灾害等因素引起的损失，培育和保护健康的森林，使可持续的生态系统能够适时更新，从大范围的破坏中恢复，保持生态系统的平衡，并满足现在和将来人类所期望的多目标、多价值、多用途、多产品和多服务水平的需要[231]。

8.1.1.3 森林健康经营原则

在森林健康经营过程中，基于充分了解森林健康状况的情况下，包括不同林分的水源涵养、碳贮量、生物多样性、森林病虫害、生产力等，依据森林健康经营目标及现实林结构特征，对不同类型森林植被进行调控，在具体措施上，需要遵循以下几个基本原则：①主导功能与其他功能兼顾，最优化的原则；②近天然林结构原则；③具有较高的稳定性和丰富的生物多样性原则；④水源涵养能力强的原则；⑤碳汇能力强的原则；⑥生态效益与经济效益协调发展原则；⑦可持续经营原则[232]。

8.1.2 青杆林分经营的必要性

8.1.2.1 青杆林区域发展与功能定位

青海位于我国西北部，属青藏高原地区，地形地貌复杂多样，水资源丰富，有“中华水塔”的美称，是我国长江、黄河、澜沧江的发源地，同时又是我国重要的气候交汇区和敏感区，易受气候和人为干扰影响[233]。由于全球气候变暖、过度放牧、过度采伐、矿产资源开采等干扰，造成了不同程度的植被退化，林分质量下降，涵养水源功能降低等一系列生态环境问题[234]。青海是我国森林资源较缺乏的省份，森林覆盖率仅为 2.65%，且森林原始性强，幼龄林少，缺乏后续资源。森林总体质量不高，资源分布不均，结构简单，植物种类少，稳定性差。

习近平总书记指出：“青海最大的价值在生态、最大的责任在生态、最大的潜力也在生态，必须把生态文明建设放在突出位置来抓，尊重自然、顺应自然、保护自然，牢筑国家生态安全屏障，实现经济效益、社会效益、生态效益的统一”。青海由于其独特的地理、地形条件和环境的影响，森林资源极度稀少，一直是世界气候变化的敏感区和薄弱区，但同时，该地区也是中国乃至亚洲主要的生态安全屏障。青海森林覆盖率低，但植被种类多样，其生态系统以及林下植物在该地区水土保持、防风固沙、水源涵养、维护生态系统平衡与稳定等方面发挥着极其重要的生态作用[235]。因此，重视生态建设，加强对森林资源的经营管理，科学选择经营方式，改善生态环境，提高林分生产力，增强林分稳定性[236]。对维护生态环境具有重要的作用。青海的天然林乔木种类较少、林分结构简单，灌木多，乔木少，天然林以冷暖常绿针叶林和山地落叶阔叶林为主，灌木以冷灌木为主。森林多分布于水、热条件较好的地区，其中祁连山区占比最大。

祁连山区位于青藏高原东北缘，是青藏高原与西北内陆干旱半干旱地区的分界线，我国25个重要国家级生态功能区之一，也是我国极其重要的冰川和水源涵养重点生态功能区，祁连山区是河西绿洲重要的水源地，对中下游的生态系统有重大影响[237]。祁连山区因其独特的地形特点和地理位置，承担着气候调节、水土保持荒漠防治等生态功能，是维护青藏高原生态平衡、维持河西走廊绿洲稳定、保障北方地区生态安全的天然屏障，也是西北地区重要的生物种质资源库和野生动物迁徙的重要廊道[238-239]。在我国发展初期由于对资源的无序利用，如过度放牧、乱砍滥伐等活动以及气候变化等因素的综合影响，使祁连山区的生态系统受到一定的破坏，出现了一系列生态问题，祁连山地区生物多样性面临严重威胁，如植被退化、森林质量下降、水土流失等问题。近年来人们保护意识提升，并在祁连山区开展了一系列生态改善工程，总的来说人类活动对生态环境的正面影响大于负面影响[240]，祁连山区整体生态状况有所好转。如我国六大重点工程天然林保护工程实施后，大量人工采伐活动被禁，天然林得到了有效保护，森林面积有所提升，生态有所好转。但由于前期受到的破坏较大，原始林短期内难以完全恢复，形成了大量的次生天然林，生态环境有所恢复，但这些林分仍有林分结构不合理、林分稳定性差、林分生产力低下等问题。

本研究于青海省互助土族自治县北山林场实施，北山林区位于大通河的中下游地段，由于受海拔高度以及土壤类型的影响，植物类型较多，垂直分布表现明显，由下而上为山地森林、高寒灌丛、高寒草甸和高山流石坡等。全区植被覆盖度达98%，属于全省生物多样性最重要的地区之一。林区森林是我国东北到西南寒温性针叶林带的构成部分。身为青藏高原东部环形森林带的一部分，是祁连山重要的水源涵养林和青海省最大的次生林区，是青海重要的生物多样性分布区，被国家列为重点生态公益林。森林分布集中、连续性高，多为中龄林，处于生长旺盛阶段，资源年增长量较高，其森林覆盖率达到林区的 78.95%，森林群落类型主要以油松（*Pinus tabuliformis* Carrière）和青杄（*Picea neoveitchii* Mast.）为主，在森林资源中占有较大比重。阴阳坡差异明显，生态序列和演替序列并存，上部林缘林木稀疏、生长低矮，多呈散生状态。阴坡林内阔叶林附属于针叶林，参与森林演替过程。阳坡由乔木林和草地相互更迭。许多树种分布到本林区之后已经属于它的极限分布和边缘分布，在树种研究和林木育种上具有较高的科研价值，但因离人类生活区近，农业区较多，自然条件差，造林难度大，存活率低；加之森林资源受破坏严重，林分结构不合理，生态功能差等原因，使森林资源经营局势紧迫。青杄作为祁连山林区重要的组成树种，不仅对大通河水文网起到了一定的调节功能，也对山区的水分循环和水量平衡起到了至关重要的作用，在水源涵养及水土保持等方面具有重要的生态价值。因此，研究青杄林群落类型和特征，加强青杄林经营管理，制定针对性的结构化森林经营措施，选择合理的经营模式，对推动青杄林林分质量提升，实现北山林区森林系统的稳定、生态系统功能的发挥和可持续发展具有重要意义。同时，健康经营可有效促进社会经济持续、稳定、协调发展，有助于消化吸收林区剩余劳动力促进林区职工群众脱贫致富。

8.1.2.2 青杄林结构及主要问题

通过对北山林区青杄纯林和混交林群落调查研究发现以下特点：

（1）该区域青杄林群落幼苗与幼树存在转化障碍，幼树不足和发育不良，其余优势树种存在更新障碍。青杄纯林中存在庞大更新幼苗库，但由于大量林木抢占有限林下资源，幼树难以生长，幼苗到幼树期存在更新阻碍；林下更新缺少阳性树种幼苗。林下总体幼苗数量占更新层木本植物数量的 96.3%，基本出现于青杄纯林中，青杄母树提供了大量种子来源，但纯林中幼树很少出现，存在更新年龄断层。

（2）青杄纯林中大径木处于竞争优势地位，中径木竞争中庸，小径木明显受挤压，青杄纯林多形成单优群落，整体空间隔离程度极低。在混交林中青杄是该区域青杄林主要建群种，普遍存在大径木偏多的情况，伴生树种直径结构不合理，中小径木占比偏低，都呈衰退趋势。混交林中由于青杄占绝对优势地位，占据了大部分光照、水热、养分等资源，林分郁闭度极高，不利于阔叶喜光树种的生存，白桦种群和山杨种群均都为团状分布，在群落中处于竞争弱势地位，且明显处于受挤压状态，生长状态不佳，胸径都较小。白桦种群和山杨种群的随机木中多为劣势、绝对劣势木。

（3）青杆林生长缓慢，受海拔、降水、温度和季节影响较大，低海拔地区青杆的径向生长更容易受到上一年水分和温度的限制，气候因子对青杆径向生长的影响具有滞后性。

8.1.3 青杆林分经营的主要指标

以该区域青杆林群落为研究对象，按照规范的森林群落调查方法选取样地进行系统调查，并利用R语言Ward聚类分析、典型相关性分析、非参数检验、回归模拟等方法，分析其群落类型、物种组成、群落结构特征、群落物种多样性更新特征以及群落土壤养分含量变化指标，探讨青杆群落物种多样性与更新特征对环境因子的响应。选取非空间结构特征和空间结构特征两个方面指标，通过非空间结构指标掌握林分基础状态，通过空间结构指标来进一步掌握林分内部更细微的相互关系；通过树种组成、直径分布特征、空间结构特征来分析，其中空间结构主要有角尺度、大小比数、混交度来描述林木个体的空间分布格局、分化程度、树种的隔离程度。并对解析后的青杆进行地上生长量的取样，构建青杆单株林木生长模型。采用年轮气候学分析法分析青杆径向生长对气候变化的响应过程，并结合青杆非空间结构特征和生长规律提出青杆天然次生林健康经营技术，综合青杆林地开展群落特征、养分特征、青杆生长特征和空间结构特征分析研究结果，青杆群落结构化经营的关键特征，以及促进青杆林更新维持的具体途径和建议。以期为北山林区青杆天然次生林健康经营管理提供理论依据。

8.1.4 青杆林分优化的目标结构

基于青海大通河流域森林资源的生态重要性，制定基于水源涵养、多样性保护功能为主导作用，多种功能有效发挥的森林健康经营决策，能够有效实现青海大通河流域北山林区森林资源的可持续经营与管理，并推动青杆林林分质量提升，实现北山林区森林系统的稳定、生态系统功能的发挥和可持续发展。以大通河流域北山林区主要林分类型青杆林为对象，结合其群落特征及功能特性，确定目标结构体系。以期有效提升北山林区青杆林健康状况，在尊重森林演替规律的前提下，人为促进青杆林的正向演替，使林分结构稳定，自我调节及恢复能力强，生物多样性高，防灾避害能力强，生态功能达到最大，水源涵养、水土保持、空气净化等功能得到合理配置。本研究区内的青杆林是人为干扰后自然恢复的天然次生林，经过长期保护，生态功能逐渐恢复，从各林分的空间结构特征看，本研究区青杆林符合天然异龄林的林分特征规律，仅需轻度经营进一步优化林分结构。同时，本区域青杆林也可作为青杆人工林、过伐恢复林等质量低下林分的结构调整目标。

8.1.5 青杆林分经营模式选择

青海大通河流域青杆天然次生林位于高度生态敏感地带，因此根据不同坡度下青杆林的分布状况，将森林的经营类型分为以下四种。划分的目的是减少模糊的经营策略造成对青杆林的破坏，降低对陡坡地区青杆林的干扰，让森林水土保持、水源涵养等生态功能效益得以显著提升，而对于一些坡度较缓的地区，可以调节青杆林分内部树木的生长优势度，通过人工补植和封育相结合，提高林分郁闭度，维护林分健康稳定，促进森林正向演替过程，使森林的结构趋于合理。本研究区青杆纯林接近零度混交，即林分中鲜有其他树种存在，青杆纯林多形成单优群落。青杆混交林中针阔比大致为 7 ： 3，符合林分经营目标结构的树种组成比例要求。

（1）青杆林间伐促进更新经营模式：对于陡坡地带，该区域青杆林分以水土保持、水源涵养、保护自然植被为目的，进行适当抚育间伐，促进林分健康发展。

（2）青杆林低强度择伐经营模式：对于中坡地带，该地带青杆林的主要经营目的以自然恢复为主，可通过间伐和封育相结合，促进演替层的生长发育，提高林分郁闭度，维护林分的健康稳定，提高林分的多样性，可进行轻度经营。

（3）人工优化青杆林分布格局经营模式：对平坡地带，可以根据青杆林分类型采取相应的经营措施，通过补植，改变现有林分的树种组成，引导林分逐渐形成以青杆为建群种的混交林，以提高森林质量并发挥其生产功能为目标。

（4）青杆林下更新促进经营模式：对于青杆纯林中存在的庞大更新幼苗库，由于大量林木抢占有限林下资源，幼树难以生长情况。根据目前林区林龄多为中幼龄林和成熟林，按照促进森林天然更新经营理念，根据林分和林龄具体情况选择和确定抚育方式。

8.2 健康经营技术

通过分析青杆林林地群落分布特征、养分特征、生长特征、空间结构特征，针对青杆林类型、功能分类及林分状况，因地制宜地将青杆林分健康经营类型划分青杆林择伐促进更新经营模式、青杆林低强度择伐经营模式、人工优化青杆林分布格局经营模式和林下更新促进 4 种经营类型。使青杆林分质量和林地生产力有明显的提高，让森林的经济效益和生态效益得到明显提升，培育健康稳定的森林生态系统，形成结构合理、功能完善的森林生态系统，最大限度发挥青杆林生态功能。

8.2.1 青杆林间伐促进更新经营

在北山林区的陡坡地带，青杆以中小径级分布为主，胸径 ≤ 25 cm 比例超过 70% 时，这一阶段林分以中、幼龄林为主。根据青杆胸径生长规律，这一阶段青杆正处于速生期，为了实现青杆的速生丰产，应适当进行抚育间伐，调整林分组成，提高林分质量、增强林分抗性，减少树种对水肥和光照等因子的竞争。主要在结构单一或林分郁闭度过高的情况下对干扰树进行抚育间伐，保留生长健康、长势良好的青杆和主要伴生种的中、大径级林木，伐除受病虫害干扰、长势差的林木。围绕青杆作为顶级树种进行培育，优先采伐紧密分布在青杆四周的林木，优先采伐对青杆构成竞争的林木，优先采伐挤压青杆生长空间的林木。采取保护措施确保青杆林分的天然更新能力，例如人工创造林窗林隙，改善光照条件促进天然更新，同时清理林窗林隙中的地表覆盖物，以激活土壤中的种子库。以期引导林分逐步形成以青杆为建群种、具有良好的更新恢复能力、多树种混交的异龄复层林，促进林分健康发展。

8.2.2 青杆林低强度择伐经营

在北山林区的中坡地带，青杆林分中胸径 ≥ 25 cm 的林木占 1/3 以上时，这一阶段林分以中龄林为主，根据青杆材积生长规律，青杆在 80 a 时材积连年生长量仍保持快速生长趋势，尚未达到生长高峰，并且与连年生长量仍未相交，尚未达到数量成熟龄，因此仍需要对林分进行适当疏伐，通过疏伐促进演替层的生长发育，使林分向高生产、高品质的结构发展，维持材积高增长速率。首先针对林分中的大树（DBH ≥ 26 cm）进行均匀性调节，伐除团聚分布的非目标树种，并伐除生长不良、没有培育前途、有病虫害的劣质林木，同时进行青杆林分布格局、优势度、密集度及混交度调节。5 年后进行林分成层性调节，人工促进天然更新，增加林分的成层性，每年进行 2 次，连续实施 3 年；间隔 10 至 15 年后，开展幼树开敞度调节，并进行地力维护；经历 20 至 25 年的生长后，进入单株经营阶段，调节单木微环境，主要进行点格局调整、混交度调整、密集度调整和青杆优势度调整；再经历 20 至 25 年进行第二次单木经营；20 年后有望达到健康稳定、优质高效的复层异龄林。

8.2.3 人工优化青杆林分布格局经营

在北山林区的平坡地带，该地区的土壤厚度、持水能力和保肥能力较优越，能够为树木生长提供更好的条件，并且平坡林分有轻微团状分布现象，主要是由于小径木的聚集分布，可进行拥挤度调整。混交林中，青杆白桦混交林和青杆山杨混交林中的青杆种群都呈均匀分布格局，白桦种群和山杨种群都呈团状分布格局，需要进行分布格局优化；青杆红桦混交林整体结构良好，可适当减小青杆的竞争压力，可通过人工种植的方法进行青杆的补植，使补植林木的最近 4 株呈随机分布，改变现有林分的树种组成，调整林分整体角尺度分布为正态分布，引导林分逐渐形成以青杆为建群种的混交林；纯林接近零度混交，尊重其天然次生状态，不加以混交度的调整。混交林中以针阔比 7:3 为经营目标进行调整，在混交林中适当补植伴生树种，补植时注意相邻木状态，使林分在同一树种组成下混交度最大化。

8.2.4 青杆林下更新促进途径

8.2.4.1 人工抚育促进天然更新

（1）青杆疏林地、林间空地人工促进天然更新

依据《林地分类》（LY/T 1818—2009）技术标准，附着有乔木树种，连续面积大于 0.067 hm^2、郁闭度在 0.10 ～ 0.19 之间的林地为疏林地，林分结构和稳定性失调，经济效益低下。调查发现，该地区存在部分疏林地，光照条件充足且林木稀疏，采取适当人工辅助措施有助于林下天然更新。

主要技术内容：及时伐除枯死木和濒死木；保存下来的母树采取扩穴松

土等措施，促进结实；在灌草生长旺盛的地方割除灌草；在种子产量较高年份的夏末或秋季进行挖鱼鳞坑、条块状坑或块状松土等整地措施；对林木稀疏的混交林，根据混交林类型进行见缝插针式补植阔叶树种幼苗幼树；封山育林、严禁放牧、采收松针等活动。

（2）大密度和中幼龄青杆林天然更新促进

研究发现，青杆纯林中，林分密度对幼树更新具有显著阻碍。低海拔区域青杆中幼龄林中，进行适当人工抚育调整林分郁闭度，有利于幼树生长。同时，作为森林后备资源的中幼龄林，若不及时进行抚育管理会很容易形成低质低效林，不仅影响未来种子质量，较差林分也不利于林下更新生长发育。

主要技术内容：北山林区为重点生态公益林，青杆树种亦为当地重点保护树种。公益林抚育经营的重要前提是保护好原生植物群落结构，因此要限制重点保护地区的生态公益林抚育活动，对于一般保护的生态公益林抚育主要采取定株抚育、生态疏伐和卫生伐等方式，伐除生长弯曲、有病虫害、没有培育前途、影响目的树种和幼苗幼树更新的干扰树种，保留树干通直、生长健康林木，营造健康林分，提高群落的稳定性，为幼苗幼树提供健康的生长环境。

（3）制造林窗创造更新环境

该林区林木处于中幼龄林或近成熟林，因生理衰老死亡而形成林窗的可能性较低，在不使该森林生态系统出现剧烈的非平衡性变化的前提下，小程度人为干扰可促进林下更新。

主要技术内容：在结实多、生长健壮的母树周围，伐除影响母树生长且生长状况差的树种创造林窗。林窗大小、位置和林缘、林隙的控制仍需进一步研究确定。对于无法采伐的林分，通过割除灌木层方法形成林窗。本研究中，除幼苗密度外，其他更新指标均与速效磷存在负相关关系。形成林窗后光照增加，由于土壤中动物和微生物活动加强，土壤碱性得到改善，同时林窗土壤中碳氮磷等营养物种加速分解和转化，释放出更多的速效养分，有利于林木及天然更新的生长和繁殖。

（4）林下灌草及凋落物清理

由于青海气候及青杆自身生物学特性等因素的限制，林区内凋落物很难分解。调查中发现，林下过厚凋落物层产生一定程度霉变，种子或幼苗受到真菌微生物感染可造成发霉或幼叶脱落等现象，对天然更新具有阻碍作用。

主要技术内容：在种子雨高峰前期，对群落内较厚层凋落物进行及时清理，保证种子与土壤接触，增加发芽率；在幼苗发育阶段对枯落物进行清理时，要注意避免对幼苗造成破坏；在灌木和杂草生长旺盛、生长密集且严重压制目的树种或幼苗幼树生长的林分中，间密留匀、留优去劣，割除多余的灌木、藤本或杂草。

8.2.5 其他建议措施

（1）种子和幼苗质量提升

调查区域中，幼苗与幼树的更新障碍一部分原因可能是种子或幼苗品质不佳，在漫长的越冬过程中损耗率较大。

主要技术内容：通过采伐、修枝、施肥、除朽、防虫、防火等营林技术措施，来改善母树的营养条件和生存条件，进而提升林分中种子和萌发幼苗的整体品质；通过疏伐等措施来实现使林下幼苗及幼树得到足够的光照空间，促进其生长，增加光温促使林下种子尽早萌发以及在生长季结束前幼苗尽可能积累更多的营养物质，保证幼苗顺利越冬。

（2）病虫害预防与治理

植物病虫害防治也是促进林下天然更新的重要关键环节。林业病虫害繁殖速度强、蔓延速度快，且青海省气候寒冷，其病虫害的危害周期一般较长，对种子萌发及幼苗幼树生长产生不利的影响。同时森林中的病腐木是细菌和病虫害生殖繁衍的场所。

主要技术内容：采用生物防治、物理防治等综合管理措施，生物防治主要为微生物防治与益鸟防治，可采用目前国际上研究较多的芽孢杆菌、放射性农杆菌、荧光假单孢杆菌等生防微生物进行生物防治；物理防治中，采用人工捕杀、选择隔离法及诱杀法；做好监测工作，采取森林病腐木防治常态化，将清理后的病腐木按照防疫标准统一焚烧处理，消除隐患。

（3）围栏禁牧，提高幼苗幼树保存率

实际调查中发现林区内多人为干扰，尤其在药水沟和夏乐窝的平坡林中，林地内存在伐桩以及生火痕迹，且牲畜粪便和足蹄印较多，林区放牧使得林内萌蘖与根系遭到很大程度的踩踏和啃食，幼苗幼树成活率和数量显著下降，林牧矛盾可能也是造成一部分林区更新潜力不足的重要原因。

主要技术内容：要加强林区群众对促进林区内受保护树种更新认知以及

对林业政策和法律法规的教育与宣传，要切实认识到维护森林生态系统平衡对林业、农业、牧业以及切身利益的重要性及相互关系，教育与处罚并济。同时确定好封山育林区域，明确放牧区域，分区轮牧，划分轮放周期和频率。

（4）防控林火，保护森林资源

全面启动天然林保护工程以来，保护森林、改善环境成为林业工作的主流。大通河流域深居内陆，气候干燥少雨，火源复杂，人为干扰大，是林火发生的重点区。青杆对火灾的抵抗力较弱，因其整枝不良，枝丫离地面近，发生火灾后很易发展成树冠火，而且由于树皮等部位不耐火烧又无萌芽能力，一次火灾就全林毁灭。因此，在青杆林的经营过程中，需要加强防火意识，并采取相应的措施来保护青杆。

主要技术内容：研究大通河流域林火发生驱动因子和火险区划图，对于该地区科学林火管理具有重要意义；积极采用卫星监测、视频监控调度、生态管护员巡查等全方位、立体化加强监测预警，切实做到网格化巡护、点位化值守、重点区守护，提高监测范围和时效；对于大通河流域春季，应该加强防火宣传和人为活动管控，减少火源出现概率；积极采取线上线下相结合，人宣、物宣相结合的方式，加大森林草原防火政策法规、正反典型案例、文明祭祀和火灾扑救技能的宣传教育。

参考文献

[1] 崔潇月 . 青杆盐胁迫响应基因筛选及功能验证体系的建立 [D]. 北京林业大学 , 2018.

[2] 张孟娟 . 青杆转录因子 PwNAC11/PwNAC38 的克隆与功能初步分析 [D]. 北京林业大学 , 2019.

[3] 郑万均 . 中国树木志（1–4 卷）[M]. 中国林业出版社 , 1983.

[4] 周婧 . 青杆干旱和盐胁迫响应基因的筛选及表达特性分析 [D]. 北京林业大学 , 2018.

[5] 张仰渠 . 我省森林合理经营的途径 [J]. 陕西农业科学 ,1980(2):33–36.

[6] 赵玉红 . 白杆和青杆在祁连山浅山区的引种特性对比 [J]. 林业科技通讯 , 2020. 555(5):62–63

[7] 赵玉红 . 青杆在甘肃张掖的引种适应性研究 [J]. 林业科技通讯 ,2019.(3): 62–63

[8] 杨凤翔 , 赵松岭 , 陈庆诚 . 兴隆山青杆林模糊数学分类研究 [J]. 林业科学 , 1982(2):143–150.

[9] 张大勇 , 赵松岭 , 张鹏云 , 等 . 青杆林恢复演替过程中的邻体竞争效应及邻体干扰指数的改进模型 [J]. 生态学报 ,1989(1):53–58.

[10] 张小翠 , 满自红 , 张育德 , 等 . 连城国家级自然保护区青杆种内种间竞争关系研究 [J]. 生态科学 ,2008(4):197–201.

[11] 刘安全 , 王刚 . 光能的二维分异对马 (口卸) 山青杆林结构和群落类型的影响 [J]. 西北林学院学报 , 1991, (03): 19–24.

[12] 陈思 , 董永恒 , 高智辉 , 等 . 甘肃兴隆山保护区青杆群落结构分析 [J]. 西北林学院学报 ,2013,28(1):39–45.

[13] 石晓东 , 韩有志 . 庞泉沟自然保护区寒温性针叶林的种群结构与分布格局 [J]. 武汉植物学研究 ,2008(5):489–494.

[14] 雷瑞德，党坤良，尚廉斌，等．秦岭南坡青杆林、青杆—华山松—红桦混交林林地土壤特性研究 [J]. 西北林学院学报 ,1996(S1):121-126.

[15] 武秀娟，奥小平，赵育鹏，等．芦芽山阴坡华北落叶松 - 云杉天然次生林林分空间结构特征 [J]. 浙江农林大学学报 ,2021,38(1):58-64.

[16] 牛豪阁，张芬，于爱灵，等．祁连山东部青杆年内径向生长动态对气候的响应 [J]. 生态学报 ,2018,38(20):7412-7420.

[17] 闫海冰，韩有志，杨秀清，等．关帝山云杉天然更新与土壤有效氮素异质性的空间关联性 [J]. 应用生态学报 ,2010,21(3):533-540.

[18] 张钦弟，毕润成，张金屯，等．庞泉沟自然保护区寒温性针叶林演替优势种格局动态分析 [J]. 生态学报 ,2012,32(18):5713-5720.

[19] 秦浩，董刚，张峰．庞泉沟自然保护区森林群落优势种群分布格局研究 [J]. 植物研究 ,2013,33(5):605-609.

[20] 高润梅，石晓东，郭晋平．山西庞泉沟国家自然保护区种子植物区系研究 [J]. 武汉植物学研究 ,2006(5):418-423.

[21] 李林峰，张金屯，周兰，等．芦芽山自然保护区青林的分类及排序 [J]. 植物研究 ,2014,34(5):604-611.

[22] 魏强，凌雷，张广忠，等．兴隆山森林群落不同演替阶段优势乔木种群结构特征 [J]. 南京林业大学学报 (自然科学版),2015,39(5):59-66.

[23] 赵丰钰，耿玉清．青海互助北山林区青杆林土壤肥力特征研究 [J]. 林业科技通讯 ,2019(10):21-26.

[24] 魏强，凌雷，张广忠，等．甘肃兴隆山主要森林类型凋落物累积量及持水特性 [J]. 应用生态学报 ,2011.2(10)：2589-2598.

[25] 马慧晶．基于树龄和海拔变化的青杆功能性状研究 [D]. 山西农业大学，2019.

[26] 闫沛斌，戚继玮．兴隆山人工幼林抚育间伐探讨 [J]. 甘肃林业 ,2011(4): 32-35.

[27] 李志强．光照强度对青杆生长的影响 [J]. 山西林业科技 ,2012,41(2):22-24.

[[28] 叶双勇．提高青杆成活种植技术研究 [J]. 科技视界，2014, (25): 332-333.

[29] 殷显森，东国玲．青海省大通河流域青杆播种育苗技术 [J]. 青海农林科技，2014, (03): 89-91.

[30] 陈徽尼，仲怡铭，王翠英，等．甘肃兴隆山青杆林树干径向生长及其对气象

因子的响应 [J]. 西北林学院学报 ,2022,37(6):62–67.
[31] 杨凤萍 , 张硕新 , 张安刚 . 秦岭火地塘林区油松、巴山冷杉、青杆径向生长与气候因子的关系 [C]// 中国科学技术协会 . 第 16 届中国科协年会 : 森林培育技术创新与特色资源产业发展学术研讨会论文集 . 北京 : 中国林业出版社 , 2014: 1–8.
[32] 支崇远 , 王开发 . 油松、白皮松和青杆花粉营养成分的研究 [J]. 植物学通报 ,2001(5):627–630+626.
[33] 李小燕 , 刘贤德 , 张宏斌 , 等 . 几种云杉属植物叶片提取物的抗氧化性研究 [J]. 甘肃农业大学学报 ,2014,49(6):102–106,113.
[34] 谢延翠 , 赵明 , 何静 , 等 . 不同径阶青杆林和油松林滞尘能力研究 [J]. 西北林学院学报 ,2020,35(6):17–24.
[35] 李树琴 . 青杆育苗及造林技术 [J]. 陕西林业科技 ,2004(3)：95–96.
[36] 田翠婷 . 蛋白激酶 C 参与调控青杆花粉管的极性生长 [D]. 杭州：浙江师范大学 , 2007.
[37] 梁珂豪 . 青杆 NAC 转录因子 PwNAC30/PwNAC31 的功能研究与验证 [D]. 北京：北京林业大学 ,2020.
[38] 苗雅慧 , 游韩莉 , 郜银涛 , 等 . 青杆转录因子 PwHAP5 及其同源蛋白 AtHAP5 下游靶基因的鉴定 [J]. 东北林业大学学报 ,2020,48(6):6–12,16.
[39] Zhang H, Shi Y, Liu XR, et al. Transgenic creeping bentgrass plants expressing a *Picea wilsonii* dehydrin gene (*PicW*) demonstrate improved freezing tolerance[J]. Molecular biology reports,2018,45(6): 1627–1635.
[40] 游韩莉 , 袁义杭 , 李长江 , 等 . 青杆 MYB 转录因子基因 PwMYB20 的克隆及表达分析 [J]. 林业科学 ,2017,53(5):23–32.
[41] 青海互助土族自治县概况 [M]. 修订本 . 北京：民族出版社 , 2009.
[42] 张金艳 . 大通河流域河流水文健康评价及生态流量研究 [D]. 西安: 西北大学 .
[43] 吴玉虎 . 大通河流域植物区系 [M]. 云南植物研究 ,2004(4):355–372.
[44] 吴玉虎 , 梅丽娟 , 青海植物名录［M］. 西宁：青海人民出版社 ,1998．1–396.
[45] 郑光荣 . 青海大通河流域高 , 等植物名录［M］. 西宁： 2009. 青海人民出版社 .
[46] 汪攀 . 喀斯特石漠化生态系统土壤 C、N、P 生态化学计量学特征及其环境影响因子研究 [D]. 贵州师范大学 ,2019.

[47] Quanchao Z,Rattan L,Yanan C, et al. Soil, Leaf and Root Ecological Stoichiometry of Caragana korshinskii on the Loess Plateau of China in Relation to Plantation Age.[J]. PloS one,2017,12(1).

[48] 王霖娇 , 汪攀 , 盛茂银 . 西南喀斯特典型石漠化生态系统土壤养分生态化学计量特征及其影响因素 [J]. 生态学报 ,2018,38(18):6580–6593.

[49] 张继辉 , 王克勤 , 赵洋毅 , 等 . 滇中重要水源区土地垦殖对集水区地表水质特征的影响 [J]. 西南农业学报 ,2019,32(6):1417–1425.

[50] 唐高溶 , 郑伟 , 王祥 , 等 . 喀纳斯景区山地草甸不同退化阶段群落共有种的生态化学计量特征研究 [J]. 草业学报 ,2016,25(12):63–75.

[51] Bo F,Zhang Y,Chen H Y H, et al. The C:N:P Stoichiometry of Planted and Natural Larix principis–rupprechtii Stands along Altitudinal Gradients on the Loess Plateau, China[J]. Forests,2020,11(4).

[52] 张继辉 , 蔡道雄 , 卢立华 , 等 . 不同林龄柚木人工林土壤生态化学计量特征 [J]. 生态学报 ,2020,40(16):5718–5728.

[53] 纪文婧 . 山西太岳山不同林龄华北落叶松人工林养分特征研究 [D]. 北京林业大学 ,2016.

[54] 赵伟红 , 康峰峰 , 韩海荣 , 等 . 冀北辽河源地区不同林龄油松天然次生林土壤理化特征的研究 [J]. 西北林学院学报 ,2014,29(3):1–8.

[55] 刘占锋 , 傅伯杰 , 刘国华 , 等 . 土壤质量与土壤质量指标及其评价 [J]. 生态学报 ,2006(3):901–913.

[56] 鲍士旦 . 土壤农化分析（3 版）[M]. 中国农业出版社 , 2000.

[57] 马剑 . 祁连山北麓中段典型灌丛群落生态化学计量特征研究 [D]. 甘肃农业大学 ,2021.

[58] 高述超 . 长沙城市森林生态系统养分循环与碳平衡研究 [D]. 中南林业科技大学 ,2010.

[59] 何宇 . 祁连山北山林区的土壤发生特性和系统分类研究 [D]. 北京林业大学 , 2020.

[60] 许窕孜 , 叶彩红 , 张耕 , 等 . 北江中下游不同林分类型土壤 C、N、P 生态化学计量特征 [J]. 应用生态学报 ,2023,34(4):962–968.

[61] 崔秋芳 , 程倩 , 杨喜田 . 南太行山区侧柏纯林及其混交林土壤生态化学计量特征 [J]. 西部林业科学 ,2020,49(1):20–24+30.

[62] 张雨鉴，宋娅丽，王克勤．滇中亚高山森林乔木层各器官生态化学计量特征 [J]. 生态学杂志，2019, 38(6): 1669–1678.

[63] 杨敏，杨飞，杨仁敏，等．祁连山中段土壤有机碳剖面垂直分布特征及其影响因素 [J]. 土壤，2017,49(2):386–392.

[64] Yang Y,Luo Y. Carbon：nitrogen stoichiometry in forest ecosystems during stand development[J]. Global Ecology and Biogeography,2011,20(2).

[65] 温晨，杨智姣，杨磊，等．半干旱黄土小流域不同植被类型植物与土壤生态化学计量特征 [J]. 生态学报，2021,41(5):1824–1834.

[66] 崔潇月．青杆盐胁迫响应基因筛选及功能验证体系的建立 .2018. 北京林业大学，MA thesis.

[67] 程瑞梅，王娜，肖文发，等．陆地生态系统生态化学计量学研究进展 [J]. 林业科学，2018,54(7):130–136.

[68] 张孟娟．青杆转录因子 PwNAC11/PwNAC38 的克隆与功能初步分析 [D]. 北京林业大学，2019.

[69] 张泰东，王传宽，张全智．帽儿山 5 种林型土壤碳氮磷化学计量关系的垂直变化 [J]. 应用生态学报，2017,28(10):3135–3143.

[70] 何高迅，王越，彭淑娴，等．滇中退化山地不同植被恢复下土壤碳氮磷储量与生态化学计量特征 [J]. 生态学报，2020,40(13):4425–4435.

[71] Tian HQ. Chen GS, Zhang C. et al. Pattern and variation of C:N:Pratios in China's soils: a synthesis of observational data[J]. Biogeochemistry, 2010, 97(1/3): 139–151.

[72] 赵栋，王琪，连娥，等．白龙江干旱河谷不同植被土壤碳氮磷化学计量特征 [J]. 中国土壤与肥料，2020(4):178–185.

[73] N. E B,L. B H. C:N:P stoichiometry in Australian soils with respect to vegetation and environmental factors[J]. Plant and Soil,2013,373(1–2).

[74] 刘帅楠，李广，吴江琪，等．黄土丘陵区不同土地类型下土壤养分特征——基于生态化学计量学 [J]. 草业学报，2021,30(3):200–207.

[75] 刘帅楠，李广，杨传杰，等．植被类型对黄土丘陵区土壤碳氮磷化学计量特征的季节变异 [J]. 水土保持学报，2021,35(6):343–349+360.

[76] Chapin F S, Matson P, Mooney H A. Principles of terrestrial ecosystem ecology[M]. Springer–Verlag, New York, 2002.

[77] W. R S,J. J E,PETER V. Ecological Stoichiometry:The Biology of Elements from Molecules to the Biosphere[M].Princeton University Press:2017–02–15.

[78] Dawud M S,Raulund–Rasmussen K,Domisch T, et al. Is Tree Species Diversity or Species Identity the More Important Driver of Soil Carbon Stocks, C/N Ratio, and pH?[J]. Ecosystems,2016,19(4).

[79] Reichstein M, Beer C. Soil Respiration Across Scales: The Importance of a Model–Data Integration Framework for Data Interpretation[M]. University Press, 2008.

[80] 秦海龙 , 付旋旋 , 卢瑛 , 等 . 广西猫儿山不同海拔土壤碳氮磷生态化学计量特征 [J]. 应用生态学报 ,2019,30(3):711–717.

[81] Wu XD, Zhao L, Fang H B, et al. Environmental controls on soil organic carbon and nitrogen stocks in the high–altitude arid western Qinghai–Tibetan Plateau permafrost region[J]. Journal of Geophysical Research Biogeosciences, 2016, 121(1): 176–187.

[82] Wu X D, Fang H B, Zhao YH, et al. A conceptual model of the controlling factors of soil organic carbon and nitrogen densities in a permafrost–affected region on the eastern Qinghai–Tibetan Plateau[J]. Journal of Geophysical Research Biogeosciences, 2017, 122(7).

[83] 李雨晗 , 丁彦芬 , 张畅为 , 等 . 南京外秦淮河河岸带草本花卉群落分类与排序 [J]. 生态学杂志 ,2023,42(5):1065–1073.

[84] 郑世群 , 刘金福 , 冯雪萍 , 等 . 戴云山不同类型植物群落的物种多样性与稳定性研究 [J]. 西北林学院学报 ,2016,31(6):50–57+64.

[85] 孟宪宇 . 测树学 (第三版)[J]. 中国林业出版社：2006（350）

[86] 齐丹卉 , 杨洪晓 , 卢琦 , 等 . 浑善达克沙地植物群落物种多样性及环境解释 [J]. 中国沙漠 ,2021,41(6):65–77.

[87] 赵安 , 周晓雷 , 田青 , 等 . 迭山北坡云冷杉林火烧迹地灌木群落特征和物种多样性研究 [J]. 西部林业科学 ,2021,50(5):90–100.

[88] 刘奎 , 朱友飞 , 杨梅 , 等 . 不同坡向望天树人工林径级和高度级结构分布 [J]. 南方农业学报 ,2018,49(4):763–767.

[89] 陈迪恩 . 系统聚类分析在能力验证中的应用 [D]. 山西大学 ,2013.

[90] 李伟成 , 郑彦超 , 盛海燕 , 等 . 浙江庆元巾子峰国家森林公园植被群落的数

量分类与排序 [J]. 浙江农林大学学报 ,2021,38(3):523–533.
[91] 谢勇 . 湖南省柏木林群落结构与植被分类研究 [D]. 中南林业科技大学 ,2022.
[92] 曹霞 , 周广柱 , 武春成 . 大凌河朝阳段滨河植物群落数量分类与地理位置的关系 [J]. 科技情报开发与经济 ,2006(3):159–160.
[93] 艾训儒 . 狮子关库区植物群落的数量分类 [J]. 福建林学院学报 ,2002(4):356–360.
[94] 康永祥 , 康博文 , 岳军伟 , 等 . 陕北黄土高原辽东栎 (Quercus liaotungensis) 群落类型划分及其生态位特征 [J]. 生态学报 ,2007(10):4096–4105.
[95] 曹伟 , 李岩 , 王树良 , 等 . 东北阔叶红松林群落类型划分及物种多样性 [J]. 应用生态学报 ,2007(11):2406–2411.
[96] 金玲 , 陆颖 , 马红彬 , 等 . 内蒙古鄂托克前旗荒漠草原植物群落的数量分类与排序 [J]. 草业学报 ,2022,31(4):12–21.
[97] 郭其强 , 池翔 , 汪书丽 , 等 . 西藏东南部柏木属群落类型及物种多样性 [J]. 应用生态学报 ,2019,30(3):735–742.
[98] 任学敏 . 太白山主要植物群落数量分类及其物种组成和丰富度的环境解释 [D]. 太原 : 西北农林科技大学 , 2012.
[99] 陈勇 , 孙冰 , 廖绍波 , 等 . 深圳市主要植被群落类型划分及物种多样性研究 [J]. 林业科学研究 ,2013,26(5):636–642.
[100] 李淑婷 , 雷耘 , 罗小雨 , 等 . 都市残存林中樟树群落类型及物种多样性分析 [J]. 华中师范大学学报 (自然科学版),2017,51(4):485–492.
[101] 刘润红 , 涂洪润 , 李娇凤 , 等 . 桂林岩溶石山青冈群落数量分类与排序 [J]. 生态学报 ,2019,39(22):8595–8605.
[102] 于梦凡 . 植物群丛的数量分类方法及对比研究 [D]. 北京林业大学 ,2014.
[103] 匡旭 , 邢丁亮 , 张昭臣等 . 长白山北坡云冷杉林和落叶松林物种组成与群落结构 [J]. 应用生态学报 , 2014, 25 (08): 2149–2157.
[104] 王巍 , 刘灿然 , 马克平等 . 东灵山两个落叶阔叶林中辽东栎种群结构和动态 [J]. 植物学报 , 1999, (04): 85–92.
[105] 李建 , 李晓宇 , 曹静等 . 长白山次生针阔混交林群落结构特征及群落动态 [J]. 生态学报 , 2020, 40 (04): 1195–1206.
[106] Xiang W,Liu S,Lei X, et al. Secondary forest floristic composition, structure, and spatial pattern in subtropical China[J]. Journal of Forest

Research,2013,18(1).
[107] 邢聪，江蓝，何中声，等．戴云山不同海拔黄山松群落的高度级结构研究 [J]. 森林与环境学报 ,2019,39(4):380–385.
[108] 叶万辉．物种多样性与植物群落的维持机制 [J]. 生物多样性 ,2000(1):17–24.
[109] 郑晓晓．北京松山油松林群落特征研究 [D]. 北京林业大学 , 2020.
[110] 陈思．华北地区青杆群落特征研究 [D]. 西北农林科技大学 , 2012.
[111] 易俗，黄忠良，欧阳学军．鼎湖山生物圈保护区层间植物物种多样性的研究 [J]. 生物多样性 ,2001(1):56–61.
[112] El–Sheikh MA. Plant succession on abandoned fields after 25 years of shifting cultivation in Assuit, Egypt. Journal of Arid Environments,2005. 61(3):461–481.
[113] Hall P,Bawa K. Methods to assess the impact of extraction of non–timber tropical forest products on plant populations. Economic Botany,1993.47（3）: 234–247.
[114] El–Sheikh A M. Population structure of woody plants in the arid cloud forests of Dhofar, southern Oman[J]. Acta Botanica Croatica,2013,72(1).
[115] Shaltout KH,Mady MA. Current situation of the Rhauda's woody plant populations in the Central Saudi Arabia. Feddes Repertori um,1993.104(7–8):503–509.
[116] 张小翠，满自红，张育德，等．连城国家级自然保护区青杆种内种间竞争关系研究 [J]. 生态科学 ,2008(4):197–201.
[117] 朱源，康慕谊，刘全儒，等．贺兰山油松和青海云杉交错区的物种丰富度研究 [J]. 植物资源与环境学报 ,2007(3):1–6.
[118] 张维伟，薛文艳，杨斌，等．桥山栎林群落结构特征与物种多样性相关关系分析 [J]. 生态学报 ,2019,39(11):3991–4001.
[119] Haikun L,Fenglin X,Hang S, et al. Disentangling the effects of biotic neighbors and habitat heterogeneity on seedling survival in a deciduous broad–leaved forest[J]. Forest Ecology and Management,2022,519.
[120] 吴昊，王得祥，黄青平，等．环境因子对秦岭南坡中段松栎混交林物种多样性的影响 [J]. 西北农林科技大学学报（自然科学版）,2012,40(9):41–50.
[121] 范得芳．秦岭中段华山松—红桦混交林群落特征及其环境解释 [D]. 西北

农林科技大学 , 2016.

[122] 刘艳红 , 赵惠勋 . 干扰与物种多样性维持理论研究进展 [J]. 北京林业大学学报 ,2000(4):101–105.

[123] 朱强 , 艾训儒 , 吴漫玲 , 等 . 七姊妹山常绿落叶阔叶混交林物种多样性格局及其环境解释 [J]. 西北植物学报 ,2019,39(8):1491–1502.

[124] 高伟 , 黄石德 , 林建丽 , 等 . 亚热带 3 种森林类型的群落特征与物种多样性的耦合关系 [J]. 热带作物学报 ,2021,42(6):1756–1763.

[125] 冉潇 , 丛日晨 , 杨建民 , 等 . 北京鹫峰地区松栎混交群落结构与物种多样性 [J]. 河北农业大学学报 ,2006(4):27–33.

[126] 万猛 , 田大伦 , 樊巍 . 太行山南麓栓皮栎群落结构特征分析 [J]. 河南农业大学学报 ,2009,43(2):139–144+150.

[127] Qiu–Feng L,Mu–Yi K, Hao W, et al. Effects of environmental factors on species richness patterns of herb layer in Eastern Zhongtiao Mountain. Journal of Forestry Research,2005.16(3):175–180 .

[128] Wagner S,Fischer H,Huth F. Canopy effects on vegetation caused by harvesting and regeneration treatments[J]. European Journal of Forest Research,2011,130(1).

[129] 薛鸥 , 魏天兴 , 朱金兆 . 环境因子对北京低山区低效林林下植被物种组成和丰富度的影响 [J]. 生态学杂志 , 2016, 35 (09): 2321–2328.

[130] Bergstedt J,Millberg P. The impact of logging intensity on field–layer vegetation in Swedish boreal forests. Forest Ecology and Management,2001. 154(1–2):105–115.

[131] 王宇超 . 秦岭大熊猫主要栖息地植物群落特征及与生境对应关系分析 [D]. 咸阳 : 西北农林科技大学 , 2012.

[132] 尹达 . 山东蒙山森林植物群落物种多样性及其与环境因子关系的研究 [D]. 太原 : 山东大学 , 2016.

[133] Pielou,E.,C. Multivariate Analysis in Vegetation Research. Laszlo Orloci. The Quarterly Review of Biology,1976. 51：129–129.

[134] 邹扬 , 贺康宁 , 赵畅 , 等 . 高寒区青海云杉人工林密度与林下植物多样性的关系 [J]. 西北植物学报 ,2013,33(12):2543–2549.

[135] Dang P,Gao Y,Liu J, et al. Effects of thinning intensity on understory

vegetation and soil microbial communities of a mature Chinese pine plantation in the Loess Plateau[J]. Science of the Total Environment,2018,630.

[136] 吴多洋，焦菊英，于卫洁，等. 陕北刺槐林木生长及林下植被与土壤水分对种植密度的响应特征 [J]. 西北植物学报，2017,37(2):346–355.

[137] 王玲. 林分密度对油松人工林群落结构和植物多样性的影响 [J]. 生态环境学报，2020,29(12):2328–2336.

[138] 鱼舜尧，向琳，喻静，等. 林分密度对四川云顶山柏木人工林林下物种多样性和土壤抗冲性的影响 [J]. 应用与环境生物学报，2022,28(6):1594–1600.

[139] 李国雷，刘勇，吕瑞恒，等. 华北落叶松人工林密度调控对林下植被发育的作用过程 [J]. 北京林业大学学报，2009,31(1):19–24.

[140] Sanjit L,Bhatt D. How relevant are the concepts of species diversity and species richness Journal of Biosciences,2005. 30(5):p.557–560.

[141] Francesco B,Valentino C, Paola B,et al. Shrub growth and plant diversity along an elevation gradient: Evidence of indirect effects of climate on alpine ecosystems. Plos One,2018.13(4):e0196653.

[142] 陈玉婷，王菁华，张慧，等. 环境因子对伏牛山南麓栓皮栎群落物种组成及多样性的影响 [J]. 西南林业大学学报（自然科学），2023,43(3):79–86.

[143] Wu G,Zhang Z,Wang D, et al. Interactions of soil water content heterogeneity and species diversity patterns in semi-arid steppes on the Loess Plateau of China[J]. Journal of Hydrology,2014,519.

[144] 张林，齐实，周飘，等. 北京山区侧柏林下草本植物多样性的影响因素分析 [J]. 草地学报，2022,30(8):2199–2206.

[145] Bischoff A,Warthemann G, Kilotz S.Succession of floodplain grasslands following reduction in land use intensity:the importance of environmental conditions,management and dispersal. Journal of Applied Ecology,2009. 46(1):241–249.

[146] Strengbom J,Walheim M, Nsholm T,et al. Regional differences in the occurrence of understorey species reflect nitrogen deposition in Swedish forests. Ambio,2003.32(2):91–97.

[147] 曹小玉，赵文菲，李际平，等. 中亚热带几种典型森林土壤养分含量分析及综合评价. 生态学报，2022.42(9)：3525–3535

[148] 张树梓，李梅，张树彬，等．塞罕坝华北落叶松人工林天然更新影响因子[J]. 生态学报，2015,35(16):5403–5411.

[149] 冯立新，买凯乐，杨善云，等．桂西北红椿 (Toona ciliata) 群落结构与更新特征 [J]. 东北林业大学学报，2022,50(7):28–32+39.

[150] G. V R,Gärtner S,Hagen E, et al. Tree regeneration in the threatened forest of Robinson Crusoe Island, Chile: The role of small–scale disturbances on microsite conditions and invasive species[J]. Forest Ecology and Management,2013,307.

[151] Zhu JJ,Kang HZ,Tan H,et al. Natural regeneration characteristics of Pinus sylvestris var. mongolica forests on sandy land in Honghuaerji,China. Journal of Forestry Research,2005.16(4):253–259.

[152] 焦小梅．兴安落叶松林火烧迹地幼苗更新特征及其对土壤养分的响应 [D]. 内蒙古农业大学，2020.

[153] 黄朗．湖南栎类天然林更新特征及影响因子研究 [D]. 中南林业科技大学，2019.

[154] 张希彪，上官周平，王金成，等．子午岭人工油松林群落更新特征及影响因子 [J]. 山地学报，2014, 32 (05): 561–567.

[155] Stoehr MU. Seed production of western larch in seed-tree systems in the southern interior of British Columbia. Forest Ecology & Management,2000.130(1–3):7–15.

[156] Zhu JJ,Kang HZ,Tan H,et al. 2005. Natural regeneration characteristics of Pinus sylvestris var. mongolica forests on sandy land in Honghuaerji,China. Journal of Forestry Research,16(4):253–259

[157] Liu Q. Effects of gap size and with in gap position on the survival and growth of naturally regenerated Picea likiangensis seedlings. Chinese Journal of Applied and Environmental Biology,2004.10: 281–285.

[158] Herrera J. Acorn predation and seedling production in a low–density population of cork oak (Quercus suber L.). Forest Ecology & Management,1995. 76(1–3):197–201.

[159] 孙国龙，李文博，黄选瑞，等．华北落叶松人工林天然更新及与土壤因子的关系 [J]. 安徽农业大学学报，2017, 44 (06): 1047–1051.

[160] Swaine, MD,Whitmore,TC. ON the definition of ecological species groups in

tropical rain forests. Vegetatio,1988.75(1–2):81–86.

[161] 张希彪，王瑞娟，周天林，等．黄土丘陵区油松天然次生林林窗特征与更新动态 [J]. 应用生态学报，2008, (10): 2103–2108.

[162] 于飞，王得祥，史晓晓，等．秦岭山地松栎混交林主要木本植物组成及更新特征 [J]. 西北植物学报，2013,33(3):592–598.

[163] 任坚毅，林玥，岳明．太白山红桦种子的萌发特性 [J]. 植物生态学报 2008. 32(4):883–890.

[164] 朱雅婷．基于群落物种间化感作用及生境差异的辽东栎和白桦种子萌发和幼苗生长特征 [D]. 北方民族大学，2022.

[165] 王杰，陆景星，王相震，等．华北落叶松人工林间伐后 9 ～ 10 年林下天然更新研究 [J]. 北京林业大学学报，2021,43(12):17–28.

[166] 孙敬然．泰山麻栎林天然更新特征及影响因素分析 [D]. 山东农业大学，2022.

[167] 冯燕辉．关帝山华北落叶松天然更新特征及其影响因子研究 [D]. 山西农业大学，2021.

[168] Holmes TH.Woodland canopy structure and the light response of juvenile Quercus lobata (Fagaceae). American Journal of Botany,1995. 82:1432–1442.

[169] 胡延辰，张晓林，韩晓义，等．蒙古栎次生林的生长更新与林下植被多样性对林分密度的响应 [J]. 应用生态学报，2022,33(3):727–732.

[170] 迪玮峙，康冰，高妍夏，等．秦岭山地巴山冷杉林的更新特征及影响因子 [J]. 西北农林科技大学学报（自然科学版），2012,40(6):71–78.

[171] 覃志杰．油松天然林林下植被及更新对林分密度变化的响应 [D]. 山西农业大学，2019.

[172] Bungard RA Zipperlen SA,Press MC,et al.The influence of nutrients on growth and photosynthesis of seedlings of two rainforest dipterocarp species. Functional Plant Biology,2002. 29（04）：505–515.

[173] 吴巍，赵军．植物对氮素吸收利用的研究进展 [J]. 中国农学通报，2010, 26(13):75–78.

[174] 刘少冲，陈立新，段文标，等．影响不同林型天然红松混交林林隙更新的土壤特征因子 [J]. 生态学报，2017,37(12):4072–4083.

[175] 牛西午，丁玉川，徐强，等．营养液不同磷浓度对柠条苗期植株生长发育

的影响 [J]. 西北植物学报 ,2003(4):622–627.
[176] Zhang H,Tao J,Wang L, et al. Influences of herbaceous vines on community characteristics in pioneer succession stages[J]. Acta Ecologica Sinica,2011,31(4).
[177] 莎仁图雅 , 刘坤 , 张翠霞 , 等 . 阴山中部不同密度华北落叶松人工林林分结构特征研究 [J]. 西部林业科学 ,2022,51(6):17–23.
[178] Gongqiao Z,Gangying H. Random Trees Are the Cornerstones of Natural Forests[J]. Forests,2021,12(8).
[179] Pommerening A. Approaches to quantifying forest structures. Forestry,2002.(3):305–324.
[180] Spies TA. Forest Structure: A key to the ecosystem. Northwest Science,1998.72:34–39.
[181] 黄维 . 油松飞播林林分空间结构特征分析及优化调整 [D]. 西北农林科技大学 , 2022.
[182] 惠刚盈 , 胡艳波 . 混交林树种空间隔离程度表达方式的研究 [J]. 林业科学研究 ,2001(1):23–27.
[183] 惠刚盈 ,Gadow Klaus Von,Matthias Albert. 一个新的林分空间结构参数——大小比数 [J]. 林业科学研究 ,1999(1):4–9.
[184] 董灵波 , 刘兆刚 , 李凤日 , 等 . 凉水自然保护区阔叶红松林林分空间结构特征及其与影响因子关系 [J]. 植物研究 ,2014,34(1):114–120+130.
[185] 张雷 , 于澎涛 , 王彦辉 , 等 . 祁连山北坡青海云杉中龄林结构随海拔的变化 [J]. 林业科学研究 ,2015,28(4):557–564
[186] 邓坤枚 , 石培礼 , 杨振林 . 长白山树线交错带的生物量分配和净生产力 [J]. 自然资源学报 ,2006(6):942–948.
[187] 王志鸣 , 郭秋菊 , 艾训儒 , 等 . 恩施州不同海拔马尾松天然次生林林分结构特征研究 [J]. 西南林业大学学报 (自然科学),2019,39(1):114–122.
[188] 王蕾 , 刘浪 , 王玮玮 , 等 . 滇中地区华山松不同树种组成混交林林分空间结构研究 [J]. 四川林业科技 ,2015,36(6):57–61.
[189] 姜廷山 , 王鹤智 , 董灵波 , 等 . 不同抚育强度对兴安落叶松林空间结构的影响 [J]. 东北林业大学学报 ,2018,46(12):9–14+19.
[190] 韩艳英 , 盛基峰 , 李垚 , 等 . 西藏原始林芝云杉林空间结构参数分布特征 [J].

西北林学院学报 ,2023,38(1):146–152.
[191] 金铭 , 李毅 , 刘贤德 , 等 . 祁连山青海云杉林空间结构分析 [J]. 干旱区地理 ,2012,35(4):587–593.
[192] 梁文俊 , 魏曦 , 赵伟文 , 等 . 基于二元分布空间结构参数的林分结构研究 [J]. 河南农业大学学报 ,2018,52(4):540–544.
[193] 王蕾 , 张春雨 , 赵秀海 . 长白山阔叶红松林的空间分布格局 [J]. 林业科学 ,2009,45(5):54–59.
[194] 张家城 , 陈力 , 郭泉水 , 等 . 演替顶极阶段森林群落优势树种分布的变动趋势研究 [J]. 植物生态学报 ,1999(3):65–77.
[195] 张健 , 郝占庆 , 宋波 , 等 . 长白山阔叶红松林中红松与紫椴的空间分布格局及其关联性 [J]. 应用生态学报 ,2007(8):1681–1687.
[196] 张连金 , 胡艳波 , 赵中华 , 等 . 北京九龙山侧柏人工林空间结构多样性 [J]. 生态学杂志 ,2015,34(1):60–69.
[197] Stoll P,Prati D. Intraspecific Aggregation Alters Competitive Interactions in Experimental Plant Communities. Ecolgy,2001.82(2):19–327.
[198] 姚杰 , 张春雨 , 赵秀海 . 吉林蛟河阔叶红松林树种空间分布格局及其种间关联性 [J]. 林业科学 ,2018,54(8):23–31.
[199] 李永格 , 李宗省 , 冯起 , 等 . 基于生态红线划定的祁连山生态保护性开发研究 [J]. 生态学报 ,2019,39(7):2343–2352.
[200] Smith K T. An organismal view of dendrochronology. Dendrochronologia,26(3):185–193.
[201] Wigley,Briffa K R,Jones P D. On the average value of correlated time series, with applications in dendroclimatology and hydrometeorology. Journal of Applied Meteorology and Climatology,1984.23(2):201–213.
[202] 关追追 , 赵江宁 , 邱权 , 等 . 楸树人工林生长规律及其最优生长模型研究——以河南省洛宁县楸树为例 [J]. 森林工程 ,2021,37(2):1–10.
[203] 刘小军 , 刘平宇 , 赵苗苗 , 等 . 天然麻栎次生林生长规律研究 [J]. 西北林学院学报 ,2019,34(1):175–179.
[204] 钟连香 , 米伟 , 施福军 . 广东琼楠人工林生长规律研究 [J]. 西南农业学报 ,2018,31(12):2666–2671.
[205] 廖美振 , 温红芳 , 董南松 , 等 . 陈山红心杉人工林生长过程及其模型模拟 [J].

中南林业科技大学学报 ,2018,38(9):107–114.

[206] 贺鹏 , 陈振雄 , 刘宪钊 . 湖南省马尾松和杉木林分断面积生长模型构建 [J]. 林业资源管理 ,2021(5):56–61.

[207] 聂稳 , 江泽平 , 刘逸夫 , 等 . 云杉属 4 个树种不同分布区生长过程及树皮厚度模拟研究 [J]. 西北林学院学报 ,2022,37(5):95–103.

[208] 白文斌 , 廖超英 , 康乐 , 等 . 西藏昌都地区川西云杉林木生长规律研究 [J]. 西北林学院学报 ,2012,27(5):158–162.

[209] Gao L, Gou X, Deng Y, et al. Climate-growth analysis of Qilian juniper across an altitudinal gradient in the central Qilian Mountains, northwest China. Trees, 2013.27(2):379–388.

[210] Gou X, Chen F, Yang M, et al. Climatic response of thick leaf spruce (Picea crassifolia) tree–ring width at different elevations over Qilian Mountains, northwestern China. Journal of Arid Environments, 2005. 61(4):513–524.

[211] Di Filippo A, Biondi F, Čufar K, et al. Bioclimatology of beech (Fagus sylvatica L.) in the Eastern Alps: spatial and altitudinal climatic signals identified through a tree–ring network. Journal of Biogeography, 2007.34(11):1873–1892 .

[212] Huo Y, Gou X, Liu W, et al. Climate – growth relationships of Schrenk spruce (Picea schrenkiana) along an altitudinal gradient in the western Tianshan mountains, northwest China[J]. Trees, 2017, 31(2).

[213] 陈瑶 , 胥晓 , 张德然 , 等 . 四川龙门山西北部植被分布与地形因子的相关性 [J]. 生态学杂志 ,2006(9):1052–1055.

[214] 王彬 , 于澎涛 , 王顺利 , 等 . 祁连山区林地的土壤贮水量坡位响应 [J]. 中国水土保持科学 ,2016,14(3):101–108.

[215] 刘思敏 , 马剑 , 牛赟 , 等 . 祁连山青海云杉林分结构及其与环境因子的关系 [J]. 中南林业科技大学学报 ,2021,41(7):107–114.

[216] Carrer M,Nola P,Eduard J L,et al. Regional variability of climate–Growth relationships in Pinus cembra high elevation forests in the Alps. Journal of Ecology,2007.95(5):1072–1083.

[217] Wang G.Dendroclimatic response of Picea jezoensis along an altitudinal gradient in Changbai Mountains[J].Science in China(Series E:Technological

Sciences), 2006(S1):150–159.

[218] Gao L, Gou X, Deng Y, et al. Dendroclimatic Response of Picea crassifolia along an Altitudinal Gradient in the Eastern Qilian Mountains, Northwest China[J]. Arctic, Antarctic, and Alpine Research, 2013, 45(4).

[219] Vieira J, Rossi S, Campelo F, Freitas H, Nabais C. 2013. Seasonal and daily cycles of stem radial variation of Pinus pinaster in a drought–prone environment. Agricultural and Forest Meteorology, 2008. 180：173–181.

[220] Jiang Y, Wang B, Dong M, et al. Response of daily stem radial growth of Platycladus orientalis to environmental factors in a semi–arid area of North China[J]. Trees, 2015, 29(1).

[221] 詹思敏 , 王可逸 , 张凌楠 , 等 . 祁连山东部不同树种径向生长对气候因子的响应 [J]. 生态学杂志 ,2019,38(7):2007–2014.

[222] Deng Y,Gou X,Gao L, et al. Aridity changes in the eastern Qilian Mountains since AD 1856 reconstructed from tree–rings[J]. Quaternary International,2013,283.

[223] 王婷 , 于丹 , 李江风 , 等 . 树木年轮宽度与气候变化关系研究进展 [J]. 植物生态学报 ,2003(1):23–33.

[224] 叶伟林 , 黄钰涵 , 周自强 , 等 . 祁连山地区近 60 年气温时空变化特征 [J]. 科学技术与工程 ,2022,22(4):1344–1353.

[225] Yang B, He M, Melvin T M, Zhao Y, Briffa K R. Climate control on tree growth at the upper and lower treelines: a case study in the Qilian Mountains, Tibetan Plateau. PLOS ONE, 2013.8(7):e69065.

[226] Dittmar C, Zech W, Elling W. Growth variations of common beech (Fagus sylvatica L.) under different climatic and environmental conditions in Europe–a dendroecological study. Forest Ecology and Management, 2003.173:63–78.

[227] Fang K, Gou X, Levia D F, et al. Variation of radial growth patterns in tress along three altitudinal transects in north central China. IAWA Journal, 2009. 30(4):443–457.

[228] 康积林 . 陕西佛坪试验示范区森林健康经营途径探讨 [C].// 林可持续经营与生态文明学术研讨会论文集 .《世界林业研究》编辑部 ,2008:117–120.

[229] 李莉，倪永春，李庆．关于实现丹东市森林健康经营的几点建议 [J]. 辽宁林业科技，2011(5):45–47+58.

[230] 王小平，北京山区森林健康经营关键技术研究与示范．北京市园林绿化国际合作项目管理办公室，2010–05–25.

[231] 马志林，陈丽华，于显威，等．北京西山地区不同林分健康状况比较研究 [J]. 生态环境学报，2010,19(3):646–651.

[232] 鲁绍伟，陈吉虎，余新晓，等．北京市八达岭林场森林健康经营研究 [J]. 水土保持通报，2007(3):127–131+183.

[233] 雷小平．青海森林资源的作用及其可持续发展对策 [J]. 特种经济动植物，2023,26(1):151–152+158.

[234] 王宝良，张强，张惠远，等．青藏高原生态文明高地建设的科学内涵与对策建议 [J]. 环境与可持续发展，2021,46(5):37–41.

[235] 杨文高，字洪标，陈科宇，等．青海森林生态系统中灌木层和土壤生态化学计量特征 [J]. 植物生态学报，2019,43(4):352–364.

[236] 李永存．对青海东部区域森林经营模式的思考 [J]. 绿色科技，2018(17):221–222.

[237] 王涛，高峰，王宝，等．祁连山生态保护与修复的现状问题与建议 [J]. 冰川冻土，2017,39(2):229–234.

[238] 吴晶晶，焦亮，张华，等．生态修复前后祁连山地区植被覆盖变化 [J]. 生态学报，2023,43(1):408–418.

[239] 杨磊，单姝瑶，桑晨，等．祁连山国家公园生态环境质量综合评价及演变特征分析 [J]. 草业科学，2022,39(2):278–289.

[240] 张玉红．1986~2017 年祁连山区草地退化及其驱动力分析 [D]. 西北师范大学，2020.